纺织服装高等教育"十二五"部委级规划教材

◎ 孙颖 赵欣 主编

针织学概论

ZHENZHIXUE GAILUN

东华大学出版社

内 容 提 要

本书分针织概述、纬编、经编三篇，主要内容包括：针织工程的基本情况，针织与针织物的基本概念，常用纬编与经编针织物组织的结构特点、基本性能、用途和编织工艺，成型产品的编织原理，以及针织工艺参数计算，等等。

本书可作为高等纺织院校相关专业的教材，也可供针织企业的技术人员、管理人员和科研人员参考。

图书在版编目(CIP)数据

针织学概论/孙颖，赵欣主编.—上海：东华大学出版社，2014.6
ISBN 978-7-5669-0542-0

Ⅰ.①针…　Ⅱ.①孙…②赵…　Ⅲ.①针织—概论
Ⅳ.①TS18

中国版本图书馆 CIP 数据核字(2014)第 131546 号

责任编辑：张　静
封面设计：魏依东

出　　　版：东华大学出版社(上海市延安西路 1882 号，200051)
本 社 网 址：http://www.dhupress.net
天猫旗舰店：http://dhdx.tmall.com
营 销 中 心：021-62193056　62373056　62379558
印　　　刷：上海崇明裕安印刷厂
开　　　本：787 mm×1 092 mm　　1/16
印　　　张：12.5
字　　　数：312千字
版　　　次：2014 年 6 月第 1 版
印　　　次：2014 年 6 月第 1 次印刷
书　　　号：ISBN 978-7-5669-0542-0/TS·501
定　　　价：33.00 元

前　言

　　本书是为纺织院校的纺织、服装、染整、管理等专业的学生拓宽专业知识面而编写的,同时也可供针织类企业的工程技术人员与管理人员参考。

　　本书主要介绍针织生产的基本过程,包括纬编、经编的工艺过程和基本编织原理,常用针织物组织的结构特点与编织工艺,针织成型产品的编织,以及针织工艺参数计算等内容。

　　本书由孙颖、赵欣主编。

　　本书第一～九章由孙颖编写,第十二～十六章由赵欣编写,第十章由王大伟编写,第十一章由颜丹、郑文星编写,第十七章由孙丹编写。

　　本书在编写过程中参阅了多种书籍和资料,在此对这些书籍和资料的作者表示诚挚的谢意。本书在编写过程中还得到了一些企业、科研单位和其他院校的大力支持与帮助,在此也表示衷心感谢。

　　由于编者水平有限,书中一定存在缺点和错误,欢迎广大读者批评指正。

编　者

2014 年 5 月

目　　录

第一篇　针　织　概　述

第二篇　纬　　编

第三篇　经　编

第一篇 针织概述

第一章 针织及针织物的概念

第一节 针 织 工 业

一、针织

将纱线变为织物一般有两种主要方法：一种是传统的机织法；另一种就是针织法。针织就是利用织针将纱线弯曲成线圈，并相互串套而形成针织物的一门工艺技术。根据纱线的喂入方式不同，针织又可细分为纬编和经编两大类，针织机也相应地分为纬编针织机和经编针织机两大类。

纬编是将纱线沿纬向喂入纬编针织机的工作针上，顺序地弯曲成圈，并相互穿套而形成针织物的工艺。经编是将一组或几组平行排列的纱线由经向喂入经编针织机的工作针上，同时成圈而形成针织物的工艺。

二、针织产品及其性能

针织分为纬编和经编，用纬编方法生产的织物称为纬编针织物，用经编方法生产的织物称为经编针织物。两类织物由于编织原理不同，在结构形状和特性方面存在一些差异。纬编针织物的手感柔软，弹性、延伸性好，但易脱散，尺寸稳定性较差。经编针织物的尺寸稳定性好，不易脱散，但弹性、延伸性较小，手感差。

随着针织工业技术的发展和社会对针织产品性能的要求越来越高，针织产品的用途也越来越广泛。传统的针织产品以服用为主，现在已经发展成服用、家用和产业用三大类，而且随着社会的发展，家用和产业用针织品的比例在不断扩大。目前，在发达国家，三者的比例已经各占针织物总量的1/3左右。

（一）服用针织物

服用针织物是针织工业的传统产品，虽然在比例上有减少的趋势，但其总量仍逐年增加，是我国出口纺织品的一个大宗类别。服用针织物在传统内衣的基础上，逐渐向外衣化发展。目前，针织服装的发展方向具备外衣化、时装化、功能化、舒适化、高档化和便装化几个特点，市场占有率也在逐渐提高。

针织服用产品按其用途可分为七类，现从品种、功能、原料、组织几个方面归纳如下：

1. 内衣类

内衣类包括汗衫、背心、棉毛衫裤、绒衣绒裤、紧身内衣、短裤、睡衣、衬裙，以及各种女士胸衣、胸罩等。由于这类服装直接接触皮肤，所以要求具有很好的穿着舒适性和功能性，如吸汗、透气、柔软、皮肤无异样感（如刺痒）等；其原料以纯棉纱线为主，辅之以棉混纺纱线、毛和毛混纺纱线、真丝和腈纶纱等,对弹性有特殊要求的产品则适当加入一些弹性纱线。此外,人们还开发了一些用保健性纤维编织的或经过保健功能整理的,具有防病、治病功能的保健针织内衣。针织内衣以纬编产品为主,其组织结构一般为平针组织、棉毛组织、添纱组织、罗纹组织、毛圈组织、衬垫组织等。一些经编产品也可以制成弹力针织内衣,或以花边的形式作为内衣的辅料。

2. 外衣类

针织产品的外衣化主要有两种形式。一种是将内衣外穿,包括文化衫、T恤衫、运动装、紧身装、休闲装等。这些服装除了应具有贴身穿内衣的特点外,还应具有外衣的挺括、滑爽、尺寸稳定、易保养、防尘、美观等特点。其原料可以是棉纱、棉混纺纱或交织、毛纱或毛混纺纱等,还可使用麻、真丝,以及使肌肤没有不舒适感觉的各种化纤。其织物组织可采用经纬编各种组织,如棉毛、罗纹、纬平针、提花等。

另一种则是纯外衣产品,如针织便装、针织时装、针织套装等。这种产品对织物的舒适性和功能性要求较少,而对花色、款式、保形、挺括、坚牢等要求较高。

3. 羊毛衫裤类

羊毛衫裤类主要是指由粗机号针织机编织的粗支纱产品,使用机号一般在14号(14针/英寸)以下,以成型产品居多,也有部分坯布产品。成品如各种羊毛衫、腈纶衫、兔毛衫、羊绒衫、丝绒衫、麻衫等。这类产品以往都作为内衣穿着,但现在逐渐呈外衣化。所以,这些产品除应具有内衣产品的穿着舒适,如手感柔软、透气、散湿、蓬松、保暖、随身、有弹性外,还要求具有色彩鲜艳、图案新颖别致、款式潇洒大方等特点。产品所用原料多为羊毛、腈纶膨体纱及其混纺纱,以及羊绒、兔毛、牦牛绒、驼绒、麻、丝、棉和其他合成纤维及其混纺原料。纬编各种组织均可以编织羊毛衫裤。

4. 运动装与防护服

由于针织产品具有良好的延伸性和弹性,所以特别适合制作运动服装。运动服装可分为专业运动服装和大众化运动服装。专业运动服装有各种比赛服、泳装、体操服、网球服、自行车服、摩托服、登山服、滑雪服等。运动服装除了具有一般内衣、外衣的要求外,还要根据不同运动种类而必须具有一些特殊功能,如高弹性、良好的伸缩性、透气、透湿、防水、防风、低空气阻力、低运动阻力,以及肘部和膝部的柔韧性、安全性等要求。它们通常采用各种变性天然纤维、改性化学纤维,以及各种不同性能的纤维进行复合,制成单层、双层或多层复合织物,再经过相应的整理,达到所要求的功能。大众运动服采用一些常规纤维和普通的组织结构进行生产。各种防护服装同样需要在穿着舒适的情况下具有特殊的功能,如阻燃、隔热、耐寒、防火、防辐射、耐腐蚀、防毒、抗菌、防弹、耐压、抗静电等。这些性能需要用功能纤维进行生产,或者用普通纤维制成织物后再进行功能性整理而得到。

5. 袜类

袜类是针织工业传统的大宗产品。针织机的发明就是从织袜开始的。袜子的传统功用是保护腿脚部温度,现在也作为腿部装饰与时装配套。袜子的服用要求是弹性和延伸性好、耐磨、穿着舒适、吸汗、柔软、透气,以及更高的功能,如防臭、除臭、防脚气、防脚裂等。袜子所用原料一般为棉、锦纶、毛、腈纶等,有时也采用棉锦交织。为了提高袜子的耐磨性,常用锦纶加固袜底部分;为了增加袜子的弹性,常衬入氨纶或在袜口处衬入橡筋线。袜类一般用专用袜机进行生产,多数为小筒径圆袜机,也有一些用经编机生产的经编袜和用横机生产的厚型保暖袜。

6. 手套

针织手套一般是全成型产品,但也有用经纬编织物缝制的手套。手套的主要作用是保暖、装饰和防护,要求舒适、有弹性、耐磨,同时作为手部装饰,又要求美观、大方。一些防护用手套还要求有各种防护功能,如阻燃、防火、绝缘等。针织手套的主要原料为棉、毛、锦纶、涤纶、腈纶等。

7. 其他类

指具有特殊功能的一些产品,如围巾、纱巾、护膝、胸罩、腹带等。

(二) 家用针织物

主要指室内装饰物和床上用品,可细分为以下四大类:

1. 包覆类

这类产品包括沙发布、台布,以及汽车、火车、飞机上的座椅套等。这类产品要求具有良好的弹性、延伸性、强度和耐磨性,并且质地柔软、吸湿透气、外观华丽、装饰性强。产品主要为各种针织绒类,特别是经电脑选针提花的大花型绒类,更具特色、档次更高。其次为各种提花、印花针织布等。该类产品原料以化纤为主,如锦纶、涤纶、腈纶、丙纶,以及黏胶和醋酯纤维等,棉、毛、麻类等天然纤维的用量较少。对于一些高档产品,还需要使用阻燃纤维或进行阻燃整理。某些车用产品还需进行涂层、黏合整理等。

2. 窗帘类

这类产品包括帷幕、窗帘、窗纱及百叶窗等。帷幕一般为厚重产品,应具有遮蔽、遮光、隔音、隔热、保温等功能;窗帘应具有遮光、保温、装饰作用,可以不透或半透光。两者都要求有良好的悬垂性,通常采用各种素色、提花、印花、烫花、压花等绒类织物或者提花和印花平纹织物;其原料以黏胶纤维为多,此外还有涤纶、锦纶、腈纶、棉等纤维。窗纱和百叶窗主要以装饰和调节日照为目的,窗纱为各种网眼类织物,原料主要为涤纶长丝,或配以少量用来装饰的花式纱线;百叶窗的原料主要是涤纶、丙纶、麻等。

3. 床上用品

针织床上用品主要有毛毯、床罩、床单、蚊帐等,常见的有经编拉舍尔毛毯、棉毯,经编印花床罩、席梦思包覆布,经编网眼蚊帐等。毛毯类原料以腈纶和毛为主,也采用黏胶纤维、醋酯纤维和维纶等。蚊帐原料以涤纶、锦纶为主。其他为棉、涤纶及棉混纺产品。

4. 铺地、贴墙用品

这类产品主要有地毯和贴墙布,应具有装饰性、保温性、吸音性、安全性和耐久性;此外,还应具备一些新的功能,如防污、抗静电、阻燃等。其原料多为化学纤维,如丙纶、腈纶等,高档产品采用羊毛。

(三) 产业用针织物

近些年产业用针织物有了很大的发展,其主要产品如下:

① 复合材料:如汽车、轮船、飞机、航空航天器等采用的夹层和成型构件。

② 各种网制品:如渔网、建筑安全用网、采矿用网、防岩石塌方用网、遮光网、挡风网、集雪网、防滑网,以及各种体育用网等。

③ 人身安全防护用具:如防护帽、报警背心、隔热、防冻、防辐射用具等。

④ 工业用织物:如胶带、集油毡、密封带、砂布、广告牌、屋顶覆盖用织物、防雨布、水龙带等。

⑤ 过滤用织物:如滤尘织物、滤液织物、滤纸底布等。

⑥ 土工布：用于路基、跑道、堤坝、隧道等工程，用来排水、滤清、加固用的材料，以及排水管、加固管、隔音织物、防风沙侵蚀用织物、交通道路护堤护坡织物等。

⑦ 农用织物：如作物栽培用织物、播种草籽用织物、各种包装袋、庄稼、水源防护网等。

⑧ 医用织物：如人造血管、人造心脏瓣膜、人造骨骼，以及透析用织物、胶布、绷带、护膝等，还可以用特种弹性尼龙袜取代外科用的特种橡胶长袜来矫治静脉瘤。

⑨ 运输用织物：如车篷、输送带、帘子布、车用行李贮存网、座位加热用织物、船帆等。

⑩ 军用织物：如伪装网、掩体砂袋、微波气袋、防弹背心等。

作为产业用织物，与服用和家用织物不同，更注重其功能性，即具有各种用途所要求的物理、机械、化学性能，如强度、耐疲劳度、耐腐蚀、延伸度、弹性、尺寸稳定性，以及一些特殊用途所要求的隔热、阻燃、卫生、抗静电等性能。用途不同，所采用的原料也不相同，除了常规原料外，大多需采用一些特殊纤维原料，如高吸水、抗静电、高弹、阻燃、抗菌等纤维。

产业用织物以经编织物为主，也有一些纬编织物。它们可以采用普通的平面织物、网眼织物、管状织物、绒类织物，也可用特殊的衬经衬纬、多向衬纬和三维成型构件等。产业用织物通常还要进行特殊的后整理，如涂层、黏合、层压、模压成型及各种功能性整理。

总之，针织物的应用范围越来越广，针织工业的发展速度令人瞩目。

第二节　针织与机织的比较

在各种织造方法中，机织与针织是两种主要的将纱线转变成织物的方法。下面从几个方面对针织与机织进行比较：

一、针织物与机织物的结构

（一）针织物的结构及其成布原理

针织物的基本结构单元为线圈，它是一条三度弯曲的空间曲线，其几何形状如图 1-1(a) 所示。图 1-1(b) 所示为纬编织物中最简单的组织——纬平针组织的线圈结构图。纬编针织物的线圈由圈干 1—2—3—4—5 和延展线 5—6—7 组成。圈干的直线部分 1—2 与 4—5 称为

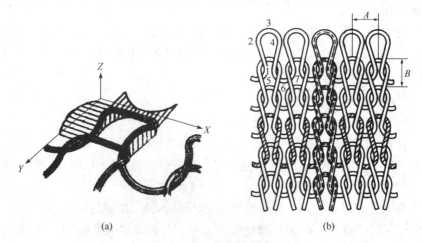

(a)　　　　　　　　　(b)

图 1-1　针织物的基本结构

圈柱,弧线部分 2—3—4 称为针编弧。延展线 5—6—7 又称为沉降弧,由它来连接两个相邻的线圈。线圈在横向的组合称为横列,线圈在纵向的组合称为纵行。同一横列中相邻两线圈对应点之间的距离称为圈距,一般用 A 表示;同一纵行中相邻两线圈对应点之间的距离称为圈高,一般用 B 表示。

针织物分为单面针织物和双面针织物两种。单面针织物的基本特征为线圈圈柱或线圈圈弧集中分布在针织物的一个面上;如果分布在针织物的两面,就称为双面针织物。单面针织物的外观有正面和反面之分:线圈圈柱覆盖于线圈圈弧的一面称为工艺正面;线圈圈弧覆盖于线圈圈柱的一面称为工艺反面。而双面针织物的两面是一样的。

单面针织物由一个针床编织而成,其线圈的圈弧或圈柱集中分布在织物的一面。双面针织物由两个针床编织而成,织物的两面均有正面线圈。工艺正面是指线圈的圈柱覆盖在圈弧之上,外观呈纵条纹状。工艺反面是指线圈的圈弧覆盖在圈柱之上,外观呈圈弧状。

在针织机上,利用给纱装置将纱线垫放在织针上,依靠织针和其他成圈机件的相互配合,将纱线弯曲成线圈,并使线圈互相串套而形成针织物,然后将针织物牵引出来并卷绕成布卷。

（二）机织物的结构及其成布原理

机织物是利用两组互相垂直的纱线纵横交错而形成的。机织物中最简单的组织是平纹组织(图 1-2),纵向为经纱,横向为纬纱,经、纬纱之间的每一个交点称为组织点;组织点是机织物的最小结构单元。平纹组织是由经、纬纱一隔一地上浮下沉形成的;其他组织如斜纹、缎纹等的成布原理相同,只是经、纬纱上浮下沉的规律不同。

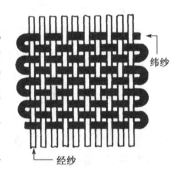

图 1-2　平纹组织

图 1-3 所示是最简单的平纹织物的形成方法,经纱一隔一地穿入两页综框的综眼中,纬纱由梭子中的纬纱管提供。为了形成图 1-2 所示的平纹组织,两页综框需不停地做升降运动,把经纱分成两片,构成一个菱形梭口,这称为开口。经纱开口后,梭子从一侧的梭箱中投出,横穿梭口,并进入另一侧的梭箱,这样就铺入一根纱线,达到纬纱在梭口内和经纱交织的目的,这称为投梭。每次投梭后需用筘座上的钢筘把梭口内的纬纱平行打紧,否则坯布会因结构松散而产生疵点或损坏,这称为打纬。在整个织布过程中,综框不断地交替上升下降,梭子不断地往复投梭铺纬,筘座不断地前后运动打纬。为了使各机构周期地往复运动,整个工艺要周期地处于强大的冲击负荷中,需使用强大的开口力、投梭力、制梭力和筘座打纬力,这就是机织的成布过程。

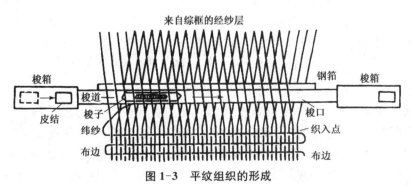

图 1-3　平纹组织的形成

二、针织与机织的生产方式

与机织生产方式相比较,针织生产方式具有许多明显的特点。

(一) 针织机的产量高

编织针织坯布的主要机器是圆纬机和经编机。针织圆纬机的产量取决于机器转速的高低、进线路数的多少和针筒直径的大小。圆纬机的针筒做等速圆周运动,由于没有笨重机件及强大的冲击负荷等因素的影响,车速快且平稳。一般大圆机的针筒直径为 76 cm(30 英寸),坯布宽度可达 1.5 m 以上,加上多路成圈,机器每一转可喂入几十根甚至一百多根纬纱,形成几十到一百多个线圈横列。经编机的产量取决于主轴转速和门幅宽度,但主轴一转是织出一个线圈横列,而不是仅仅铺入一根纬纱,一个线圈横列的布长相当于一根纬纱布长的 2~2.5 倍;同时各个成圈机件的质量轻、动程小(只有 10~20 mm)、机构简单,机速可高达 800~2 600 r/min;现代经编机的幅宽达 4.2 m,加上大卷装、停台时间少,故产量十分可观。一台直径为 76 cm(30 英寸)的单面圆纬机的产量为 100~250 m^2/h,一台幅宽为 4.2 m 的单针床经编机的产量也可达 100 m^2/h,而一般机织机的最高产量仅为 10 m^2/h。

(二) 针织生产对纱线的损伤较小,纱线适应范围广

针织物在编织过程中会遇到三种力:要求送纱机构、坯布牵引卷取装置给予纱线一定的张力,以使编织顺利进行;织针将纱线弯曲成线圈时会对其产生一定的牵拉力;线圈与线圈相互串套时会有一定的摩擦力。

与针织相比,现有机织机的成布方式对纱线质量的影响比较大。首先,在开口过程中经纱相互摩擦一千多次;其次,在打纬过程中每段经纱与筘齿接触几百次,加上络纱、整经、浆纱等织前准备过程的疲劳,使经纱损伤较大,因而常常断头;然后,在铺纬时纬纱受梭子飞行速度、换梭箱等因素的影响,张力波动很大,使纬纱也在不利的条件下工作。为了抵抗这些力的损伤,经、纬纱必须有一定的粗度和强力,经纱还必须上浆。而在针织编织过程中纱线所受张力较小,不需要上浆,而且可以根据不同的使用目的选用一些低强度或细弱的纱线。

(三) 针织生产工艺流程较短,经济效益较高

机织生产的织前准备工序较多,经纱要络纱、整经、浆纱、穿经,纬纱要卷纬、给湿或热定形。而纬编生产织前准备只需络纱,经编生产织前准备只需整经、穿纱,而且一般来说,针织生产有纬纱就不需要经纱,有经纱就不需要纬纱,所以针织的准备工序比机织简单得多。准备工序的减少可以大量节省人力、动力和浆料等物料消耗,减少准备工序设备购置,减少厂房占地面积。在节能方面,生产相同质量的 14 tex(40 英支)府绸与 18 tex(32 英支)汗布做比较,后者比前者节能达 30 多倍。厂房面积的减少还意味着投资、运输、清洁、空调、照明等费用的减少。由于投资少(针织厂的单位投资仅为棉纺织厂的 1/2)、产量高(针织厂的产量比织布厂高 9~11 倍)、日常生产消耗少、成本低,因此针织厂的经济效益比织布厂高。

(四) 可以生产成型产品

针织机可以织袜子、手套、羊毛衫等成型产品,不需要裁剪;羊毛衫成型衣片不仅可以在横机上编织,还可以在半成型大圆机上编织,下机后只需少量裁剪即可缝制成衣。这一点相对于机织工艺具有明显的优越性。因为坯布的裁剪、缝制过程劳动繁重、用工多,裁剪的边角余料多达 25%~27%;而半成型衣片的裁剪,边角余料只有 2%~4%,大大节省了原料,降低了产

品成本,对贵重的羊毛、真丝等原料更具优势。

此外,与机织相比,针织生产的劳动条件也较好,车间噪音小,生产的连续性和自动化程度较高,工人的劳动强度较低。针织与机织生产方式的不同见表1-1。

表1-1　针织与机织生产方式比较

比较	针织	机织
形成方式	利用织针将纱线弯曲成线圈并相互串套而形成织物	利用两组互相垂直的纱线纵横交错而形成织物
结构单元	线圈	组织点
产量	经编:100 m²/h;纬编:100～250 m²/h	10 m²/h
纱线损伤	少	大
纱线直径	细	粗
纱线强度	低	高
上浆工艺	不需要	需要
工艺流程	整经→穿纱;络纱	络→整→浆→穿;卷纬、给湿或热定形
厂房面积	小	大
投资	少	多
成本	低:边角余料2%～4%	高:边角余料25%～27%
效益	高	低
劳动条件	噪音小,自动化程度高,工人劳动强度低	噪音大,自动化程度低,工人劳动强度高

三、针织物与机织物基本性能的比较

由于针织物与机织物的成布方式不同,使其具有各自不同的特点。

(一) 针织物

从针织物的线圈结构图上可以看出针织物是由孔状线圈形成的,结构比较松散,因而针织物具有透气、蓬松、柔软、轻便的特点;而且针织物的延伸性大、弹性好,这是针织物区别于机织物最显著的特点之一。这一特点使得针织衣物穿着时既合体又能随着人体各部位的运动而自行扩张或收缩,给人体以舒适的感觉。同时,针织物还具有抗折皱性好、抗撕裂强力高等特点,并且纬编针织物还具有良好的悬垂性。

针织物的缺点是尺寸稳定性差,受力后易变形,质地不硬挺,易起毛起球和脱散。

这些不足之处可以从原料选用、后整理加工、织物组织结构等方面加以克服,如采用衬经、衬纬组织,加大织物密度或进行树脂整理等。

针织物最适合于制作松软、质地轻薄的产品,例如服装中的内衣、T恤衫、运动衣、羊毛衫、袜子、手套、围巾等,而且由于针织物具有适体、舒适、抗折皱、色彩款式轻松活泼、易于翻新、容易适应服饰流行变化等特点,特别适合制作各种旅游服、休闲服和时装。经编产品特别适合制作花边、窗帘、台布等装饰产品。

（二）机织物

机织物结构中经纬纱必须紧密排列，否则就会因纱线之间抱合不牢而发生滑丝现象，破坏织物的外观和性能。观察平纹机织物的横截面图，可以看到机织物只是在经纱与纬纱交织的地方纱线有少许弯曲，而且只在垂直于织物平面的方向弯曲。当织物受力时，织物在受力方向略微伸长，而对应方向略微缩短，延伸性很小。机织物具有质地硬挺、结构紧密、平整光滑、坚牢耐磨的特点，缺点是透气性、弹性和延伸性差，易撕裂、易折皱，比较适合制作大衣、西服等服装。

总之，针织物无论是在生产速度、花纹变化能力方面，还是在外观的精美华丽、结构的稳定性方面都具有突出的优点。针织物优良的服用性能、装饰性能是其能够迅速发展的主要原因。

虽然针织生产就其成布原理和各项技术经济指标而言都优于机织生产，但它并非十分完美，由于采用织针进行编织，织针在成圈过程中与其他机件间产生相互摩擦、冲击，与纱线间也产生相互摩擦等，使机速受到了一定限制，对纱线也有一定的损伤。

第三节　针织物的主要物理机械指标与品质评定

一、针织物的主要物理机械指标

（一）线圈长度

针织物的线圈长度是指每一个线圈的纱线长度，由圈干和延展线组成，一般用 l 表示，如图1-1中1—2—3—4—5—6—7所示。线圈长度一般以"mm"为单位。

线圈长度决定了针织物的密度，而且对针织物的脱散性、延伸性、弹性、耐磨性（线圈长度越短，织物密度越大，厚度增加，耐磨），及抗起毛起球和勾丝性等均有影响，所以它是针织物的一项重要物理指标。目前生产中常采用积极式给纱装置，以恒定的速度进行喂纱，使针织物的线圈长度保持恒定，以改善针织物质量。

（二）织物密度

针织物的密度是指针织物在规定长度内的线圈数，表示一定纱线粗细条件下针织物的稀密程度，通常以横密和纵密表示。

横密是沿线圈横列方向在规定长度（50 mm）内的线圈纵行数，用 P_A 表示。

纵密是沿线圈纵行方向在规定长度（50 mm）内的线圈横列数，用 P_B 表示。

（三）未充满系数

针织物的稀密程度受两个因素的影响：织物密度和纱线细度。织物密度只反映一定面积内线圈数的多少对织物稀密的影响。为了反映出纱线细度对织物稀密的影响，必须看线圈长度 l 和纱线直径 f 的比值，即未充满系数 δ：

$$\delta = \frac{l}{f} \tag{1-1}$$

未充满系数表示在相同织物密度条件下纱线细度对针织物稀密程度的影响。

（四）单位面积干重

单位面积干重是指每平方米干燥针织物的克重数（g/m^2）。如已知针织物的公定回潮率为 W，则针织物的单位面积干重 Q 为：

$$W = \frac{Q' - Q}{Q} \rightarrow Q = \frac{Q'}{1 + W} \tag{1-2}$$

式中：Q' 为针织物单位面积质量（g/m^2）。

单位面积干重也可用称重法求得：

在织物上剪取 $10\ cm \times 10\ cm$ 的样布，放入已经预热到 $105 \sim 110\ ℃$ 的烘箱中，烘至恒重后在天平上称出样布的干重 Q''，则每平方米样布干重 Q 为：

$$Q = \frac{样布干重}{样布面积} = \frac{Q''}{10 \times 10} \times 10\ 000 = 100Q''\ (g/m^2) \tag{1-3}$$

这是针织厂物理实验室常用的方法。

（五）厚度

针织物的厚度取决于它的组织结构、线圈长度和纱线粗细等因素，一般可用纱线直径的倍数来表示。

（六）脱散性

指针织物中的纱线断裂或线圈之间失去串套联系后，线圈与线圈分离的现象。针织物的脱散性与组织结构、纱线的摩擦系数、未充满系数，以及纱线的抗弯刚度等因素有关。

（七）卷边性

某些组织的针织物在自由状态下，其布边会发生包卷，这种现象称为卷边。这是由于线圈中弯曲线段所具有的内应力，力图使线段伸直而引起的。卷边性与针织物的组织结构，以及纱线弹性、细度和捻度及线圈长度（长度短，卷边性大）等因素有关。

（八）延伸性

指针织物在受到外力拉伸时，其尺寸伸长的特性。它与针织物的组织结构、线圈长度和纱线弹性有关。针织物的延伸分为单向延伸和双向延伸两种。

（九）弹性

指去除导致针织物变形的外力后，针织物形状回复的能力。它取决于针织物的组织结构、纱线的弹性、摩擦系数和未充满系数等因素。

（十）断裂强力与断裂伸长率

针织物在连续增加的负荷作用下至断裂时所能承受的最大负荷，称为断裂强力，用牛（顿）或厘牛（顿）表示；织物断裂时的伸长量与原来长度之比，称为断裂伸长率，用百分比表示。

（十一）收缩率

针织物的收缩率是指针织物在使用、加工过程中长度和宽度的变化率，分为三种：下机缩率（织缩）、染整缩率（染缩）、洗涤缩率（洗缩）。

$$Y = \frac{H_1 - H_2}{H_1} \times 100\% \qquad (1-4)$$

式中：H_1 为针织物在加工或使用前的尺寸(cm)；H_2 为针织物在加工或使用后的尺寸(cm)。

针织物的收缩率有正值和负值，如横向收缩而纵向伸长时，则横向收缩率为正，纵向收缩率为负。

（十二）起毛起球与勾丝

起毛起球和勾丝是针织物的主要缺点之一。针织物在穿着、洗涤中不断经受摩擦，纱线表面的纤维被磨损而露出在织物表面，使织物表面起毛。若这些起毛的纤维端在以后的穿着中不能及时脱落，它们就会相互纠缠在一起，被揉成许多球形小粒，称为起球。当针织物在使用过程中碰到尖硬物体时，织物中纤维或纱线就会被勾出，在织物表面形成丝环，称为勾丝。

起毛起球和勾丝主要在化纤产品中较为突出。它与原料种类、纱线捻度、针织物组织结构、后整理加工及成品的服用条件等因素有关。

起毛起球和勾丝会严重影响针织物的服用性能，必须采取一些措施进行预防，通常有以下方法：

① 防止纤维从针织物中抽出或磨断，需尽可能减小线圈长度，采用高机号针织机编织组织结构比较紧密的针织物。

② 防止毛茸相互纠缠成球，可采用纤维变性方法，使织物表面毛茸在使用过程中迅速脱落；还可通过降低纤维强度或选用适当纤度的纤维(2.5~3 den 单丝较适宜)来达到此目的。

③ 选用混纺纱线，采用中长纤维混纺纱，即使在织物表面出现毛茸，对外观影响也不大。

④ 进行树脂整理，经过树脂整理的织物能防止起毛起球和勾丝的产生，但织物手感变差。

⑤ 平针、罗纹和双罗纹组织的抗起毛起球和勾丝性能优于集圈组织、提花组织等，因此选取合适的织物组织可以减少此现象。

二、针织物的品质评定

针织物的品种繁多、用途广泛，不同用途的针织物，对其性能有着不同的要求。因此，对针织物的品质要求是与织物的用途紧密相连的。

（一）对针织物的品质要求

对于各种服装用织物，外观质量上要求光泽好、颜色正、布面条干均匀、手感好、缝制加工精细等，内在质量上要求耐穿、耐用、尺寸稳定、有一定的伸缩性，易洗涤和收藏。

（二）针织物的品质评定方法

针织物的品质评定通常采用仪器检验与感官检验的方法，必要时还可采用穿着试验方法。仪器检验主要有以下测试项目：

① 测试织物的结构特征与几何特性：如测试纱线细度、横密、纵密、单位面积干重、幅宽、厚度、混纺纱的混纺比。

② 测试织物的物理机械性能：如测试织物的回潮率、断裂强力、断裂伸长率、顶破强度、缩水率、抗皱性、耐磨性、抗起毛起球性、勾丝性、抗弯性、悬垂性、弹性、延伸性、防水性、吸湿性、阻燃性等。

③ 测试织物的染色性能：如测试织物的色调、染色牢度(包括日晒牢度、皂洗牢度和摩擦

牢度)。

④ 测试织物的安全卫生性能：随着人们的安全、卫生、保健、环保意识的加强，增加了对衣物上残留农药的检测项目，以及染整加工中使用的对人体健康有危害的化学物质(如甲醛等)的检测项目，如果有某些化学成分超标的物品，不得进出口和上市销售。

上述测试项目中，一部分是各类织物都应测试的内容，另一部分只适用于不同品种和具有不同特点的织物。一般来说，外衣织物应重视外观和耐用性，以缩水率、抗皱性、耐磨性、抗起毛起球性和勾丝性为主要测试项目；内衣织物除外观和耐用性外，还要考虑吸湿性、透气性、缩水率等项目。

感官检验指目测及手感：

① 目测着重于产品外观，如布面是否光洁、平整、丰满、挺括、纹路清晰，或者有无疵点(如油渍、染斑、补痕)等情况。

② 手感是皮肤直接接触织物时的一种触感，主要利用手指、手掌或面部皮肤检验商品的软硬、厚薄、滑糙及干湿等状况。织物的手感是织物某些机械性能和表面性能的综合反映。它与织物的弯曲性、延伸性、回弹性、压缩性、密度、表面平整滑糙、传热情况(爽、凉、温、暖)等有关。织物的手感在不同程度上能够反映织物的外观与舒适感。

进行感官检验时，以工厂的实物样品为标准，由具有实践经验的人进行评定。

(三) 针织物的质量标准和分等

针织物按照产品品种不同有相应的质量标准。标准中的项目有各项品质指标、技术条件、分等规定、试验方法、验收与包装规则等。

针织品的分等方法随品种不同而有差异，但主要内容基本相同。例如：

① 棉针织内衣坯布以批为单位，根据物理指标(包括横密、纵密、单位面积干重、缩水率、断裂强度、顶破强度等)进行评等。

② 针织外衣用布根据物理指标评等和外观疵点评等两者综合进行定等。

③ 针织成品以件为单位，按照物理指标(内在质量)评等与表面疵点、尺寸规格公差(成品规格与标准规格的差异)和本身尺寸差异(成品本身对称部位的尺寸不一)等外观疵点评等两者综合进行定等。

第二章 针织机概述

第一节 针织机的一般机构及其分类

一、针织机的一般机构

针织机的种类很多,但不论什么类型的针织机,它们的主要机构基本上是一致的,只是按照各种机器的工作要求不同,具体机构组成有所差异,且配有不同用途的辅助机构。针织机的机构大体可分为两大部分,即主要机构和辅助机构。

(一)针织机的主要机构

1. 成圈机构

成圈机构是把纱线弯曲形成线圈,并使线圈相互串套,从而形成针织物的机构;其主要机件有织针、沉降片、三角装置和导纱装置等,统称为成圈机件,它们由主轴经各自的传动机构传动或固定不动,互相配合做成圈运动。

2. 给纱机构

给纱机构是将筒子或经轴上的纱线,按照编织系统的要求,以一定的张力和速度送到成圈机件上的机构。

3. 花色机构

花色机构在纬编中称为选针机构,作用是按照花纹的要求,对织针或沉降片等机件进行选择。花色机构在经编中称为梳栉横移机构,作用是控制固装着导纱针的梳针,按花纹要求的规律,使其沿针床方向做针前和针背横向垫纱运动。

4. 传动机构

它是以主轴为主体,通过凸轮、偏心连杆、蜗杆蜗轮和齿轮等各种传动机件,使机器上的各部分机件进行运动的机构。

5. 控制机构

它是能使各机构按照编织要求互相协调工作的机构。

6. 牵拉卷取机构

它是以一定的张力和速度,将织物从编织区域引出并卷成布卷的机构。

(二)针织机的辅助机构

1. 减速装置

为了调整机器,针织机上配置了减速装置,使机器慢速运转,便于维修调整。

2. 自停装置

它包括机器故障、安全、断纱、布面疵点、张力过大或过小、卷装容量限定等自停装置。

3. 各种仪表

针织机根据机型不同,配置有机器转速表、送经速度表和计数器等。

4. 扩大花色品种机构

包括提花机构、压纱杆、花压板、间歇送经和多速送经等。

二、纬编针织机分类

在纬编针织生产中,为了编织不同组织的针织物或成型产品,所采用的针织机类型也各不相同,织针插在圆筒形针筒或针盘上者称为圆机,织针插在平板形针床上者称为横机。这些针织机都可按针床或针筒数、针床或针筒形式,以及所用织针类型进行分类。单面针织物一般在单针床(或单针筒)针织机上生产,采用钩针作为成圈机件的单面机有台车、吊机、绒布圈机等,采用舌针的单面机有多三角机、毛圈机等。双面针织物则只能在双针床针织机(或双面圆机)上生产,它们一般为舌针机,如罗纹机、双罗纹机(棉毛机)、双反面机、提花圆机及横机等。此外,为了生产单件成型产品,还有专用的纬编针织机、全成型自动横机、全成型平型钩针针织机、手套机和圆袜机等。

三、经编针织机分类

按针床多少可分为单针床经编机和双针床经编机;按织针类型可分为钩针经编机、舌针经编机和复合针经编机,复合针经编机又可分为槽针和管针两种;按织物引出方向可分为特利柯脱型经编机和拉舍尔型经编机,针织行业主要采用这种分类。特利柯脱经编机与拉舍尔经编机在构造上的区别主要是:拉舍尔经编机握持织物采用梳齿状的栅状脱圈板;特利柯脱经编机无栅状脱圈板,由沉降片起栅状脱圈板及握持线圈的作用。

特利柯脱经编机在编织时,织物牵拉方向相对于织针平面的夹角为 110°左右,作用力几乎垂直于织针平面,因此编织张力过大时会使织针弯曲,特别是使用细钩针时比较明显。复合针的刚度较好,因此能承受比较大的编织张力;但是垫入纱线时,由于牵拉现象,如张力过大,已成圈的纱线会产生回抽,这将使编织工作不能顺利进行。

在拉舍尔经编机上,织物牵拉方向相对于织针平面的夹角为 160°左右。由于织物相对于织针大致呈平行状态,因此织针受到的弯矩比特利柯脱经编机小很多。

第二节　针织机的机号及其与加工纱线线密度的关系

一、机号

各种类型的针织机,均以机号来表示织针密度。因此,针织机的机号在一定程度上反映了其加工纱线的线密度范围和坯布的稀密薄厚。机号是指针织机上针床或针筒圆周上规定长度内所具有的织针数。其关系式如下:

$$G = \frac{E}{t}$$

式中:G 为机号(针/规定长度,见表 2-1);E 为针床或针筒圆周上的规定长度(mm);t 为针距(mm)。

二、机号与加工纱线线密度的关系

由此可知,针织机的机号说明了针床或针筒圆周上植针的稀密程度,即机号越大,针床上规定长度内的针数越多,所用的成圈机构的各部分尺寸相应越小,能应用的纱线越细,编织出的织物也越薄、越密;反之,机号越小,则针床上规定长度内的针数越少。计算各种类型的针织机机号时,针床上的规定长度见表2-1。

表 2-1　针床或针筒圆周上规定长度

针织机类型	规定长度(mm)	备注
台车、全成型平型针织机	38.1(1.5英寸)	—
圆袜机、横机、双反面机、罗纹机、棉毛机、多三角机、大圆机	25.4(1英寸)	—
吊机	27.8(1法寸)	机号小于20时为41.7 mm(1.5法寸)
公制特利柯脱经编机	30	—
英制特利柯脱经编机	25.4(1英寸)	—
德制特利柯脱经编机	23.6(1德寸)	—
拉舍尔经编机	50.8(2英寸)	—

加工纱线线密度的下限,取决于对针织物的品质要求及纱线强力。在每一机号的针织机上,由于成圈机件尺寸的限制,可以加工的最短线圈长度是一定的。如果无限提高加工纱线的细度,会使织物变得稀疏,或因纱线强力不够而无法编织。故在实际生产中,一般根据经验来决定一定机号的针织机最合适的加工纱线线密度范围,表2-2和表2-3所示供参考。

表 2-2　纬编机机号与线密度

机器类型	机号	加工原料	适宜加工的纱线线密度(tex)
棉毛机	16	棉纱	14×2, 28
棉毛机	22, 22.5	棉纱	18, 15, 14
台车	22	棉纱	2×28
台车	28	棉纱	28
台车	34	棉纱	18, 9×2, 10×2
台车	40	棉纱	13, 7.5×2, 7×2, 6×2
台车	36	棉纱	7.5×2, 14, 15
多三角机	14	棉纱	2×28
多三角机	16	棉纱	2×18, 14×2
多三角机	20	棉纱	28
提花圆机	16	聚酯长丝	16~23
提花圆机	1	聚酯长丝	15~17
提花圆机	20	聚酯长丝	13~17
提花圆机	22	聚酯长丝	11~14
提花圆机	24~26	聚酯长丝	8~11

表 2-3 经编机机号与纱线线密度

机号(针/2.54 cm)	12	14	16	18	20	22	24	26	28	30	32	34	36
纱线线密度(tex)	100	91	77	67	55	45	33	27	22	20	16	13	9

目前,特利柯脱经编机的常用机号为 20～32 针/2.54 cm,最高达 40 针/2.54 cm,工作门幅一般为 213～427 cm(84～168 英寸)。拉舍尔经编机的常用机号为 10～48 针/5.1 cm,最高达 64 针/5.1 cm,工作门幅一般为 190～660 cm(75～260 英寸)。

由此可见,特利柯脱经编机相对于拉舍尔经编机,机号比较高。因此,特利科经编机一般适合用来编织轻薄型的服装及装饰织物;拉舍尔经编机由于机号比较低,适合生产提花织物、花边饰带,以及中厚型的服用织物、毛毯、天鹅绒、长毛绒和短毛绒等产品。

三、路数

路数即成圈系统数,指能够使织针形成一个线圈的若干个成圈机件的组合,它是对纬编针织机而言的。对于各种纬编针织机来讲,路数在一定程度上反映了针织机技术水平的高低。针织机转一转,每一路可形成一个线圈横列,因此在转速相同的情况下,路数愈多,则产量愈高;路数愈少,则产量愈低。为了便于进行比较,通常用每 2.54 cm(1 英寸)针筒直径内路数这个技术指标,其关系可用下式表示:

$$每\ 2.54\ cm\ 针筒直径内路数 = \frac{针织机总路数}{针织机针筒直径(cm)} \times 2.54$$

如某针织大圆机的针筒直径为 76.2 cm(30 英寸),进线路数为 90 路,则该机 2.54 cm 针筒直径内路数为 3,通常计为 3 路/2.54 cm。

第二篇　纬　　编

第三章 纬 编 概 论

第一节 针织用纱与纬编准备

对于针织工艺来说,在用纱的选择上,可以加工的纱线种类很多,有生产服饰用的天然纤维与常规化学纤维(简称化纤),如棉纱、毛纱、麻纱、真丝、黏胶丝、涤纶丝、锦纶丝等,还有满足特种产业用途的玻璃纤维丝、金属丝、芳纶丝等。

一、针织用纱的基本要求

在针织过程中,对于原料的选择及原料的组分,可以是只含一种纤维的纯纺纱,也可以是含两种及两种以上纤维的混纺纱和并捻纱线。然而,为了保证针织过程顺利进行和产品的质量,选择针织用纱时有下列要求:

① 纱线具有一定的强度和延伸性,以便能弯曲成圈。

② 纱线捻度均匀且偏低。纱线捻度高容易在编织时扭结,影响成圈,而且纱线变硬,使线圈产生歪斜。

③ 纱线细度均匀、纱疵少。粗节和细节会造成编织时断纱或影响布面的线圈均匀度。

④ 纱线抗弯刚度低,柔软性好。硬挺的纱线难以弯曲成线圈,或弯曲成圈后线圈易变形。

⑤ 纱线表面光滑,摩擦系数小。表面粗糙的纱线经过成圈机件时会产生较高的张力,易造成成圈过程中纱线断裂。

二、纬编准备

将送到针织企业的纱线,在编织前重新进行卷绕,即络纱(短纤维纱)或络丝(长丝),称为纬编针织前准备。

在针织工业中,大多数以筒子纱或绞纱进入针织厂。绞纱需先卷绕在筒子上制成筒子纱,才能上织机编织。随着纺纱和化纤加工技术的进步,目前提供给针织厂的筒子纱一般都可以直接上机织造,无需络纱或络丝;但是,如果筒子纱的质量、性能和卷装无法满足编织工艺的要求,如纱线上杂质疵点太多、摩擦系数太大、抗弯刚度过高、筒子容量过小等,则需要进行络纱工序。

(一) 络纱(丝)的目的

络纱或络丝目的在于:一是使纱线卷绕成一定形式和一定容量的卷装,满足编织时纱线退绕的要求;二是去除纱疵和粗细节,提高针织机生产效率和产品质量;三是可以对纱线进行必要的辅助处理,如上蜡、上油、上柔软剂、上抗静电剂等,以改善纱线的编织性能。

（二）络纱(丝)的要求

在络纱(丝)过程中,应尽量保持纱线原有的物理机械性能,如弹性和强力等。络纱张力要求均匀和适度,以保证恒定的卷绕条件和良好的筒子结构。络纱的卷装形式应便于存储和运输,要考虑到以后退绕时纱线产生的张力,同时应注意卷装的容量,采用大卷装后可以减少针织生产中的换筒,为减轻工人劳动强度、提高机器的生产效率创造良好条件,但要考虑针织机的筒子架上能否安放。

（三）卷装形式

筒子的卷装形式有多种,针织生产中常用的有圆柱形筒子、圆锥形筒子和三截头圆锥筒子(图 3-1)。

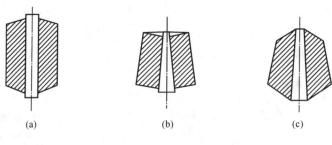

图 3-1 卷装形式

1. 圆柱形筒子

如图 3-1(a)所示,圆柱形筒子主要来源于化纤厂,原料多为化纤长丝。其优点是卷装容量大,但筒子形状不太理想,退绕时纱线张力波动较大。

2. 圆锥形筒子

如图 3-1(b)所示,圆锥形筒子是针织生产中广泛采用的一种卷装形式。它的退绕条件好,容纱量较多,生产率较高,适用于各种短纤维纱,如棉纱、毛纱、涤棉混纺纱等。

3. 三截头圆锥形筒子

如图 3-1(c)所示,三截头圆锥筒子俗称菠萝形筒子,其退绕条件好,退绕张力波动小,但是容纱量较少,适用于各种长丝,如化纤长丝、真丝等。

（四）络纱(丝)工艺与设备

在络纱工序中,用于络纱的机器种类较多,常见的是槽筒络纱机和菠萝锭络丝机,此外还有松式络筒机。每一种络纱机都具有相同的主要机构及其作用,分别是:卷绕机构,使筒子回转以卷绕纱线;导纱机构,引导纱线有规律地分布于筒子表面;张力装置,给纱线以一定张力;清纱装置,检测纱线的粗细,清除附在纱线上的杂质和疵点;防叠装置,使层与层之间的纱线产生移动,防止纱线重叠;辅助处理装置,可对纱线进行上蜡和上油等处理。槽筒络纱机主要用于络取棉、毛及混纺等短纤维纱,菠萝锭络丝机用于络取长丝。菠萝锭络丝机的络丝速度及卷装容量都不如槽筒络纱机。松式络筒机的络纱张力较小,可以将棉纱等纱线络成密度较小和均匀的筒子,以便进行染色,用于生产色织产品。

在络纱或络丝时,应根据原料的种类与性能、纱线细度、筒子硬度等方面的要求,调整络纱速度、张力装置的张力、清纱装置的刀门间距、上蜡上油的蜡块或乳化油成分等工艺参数,并控制卷装容量,以生产出质量符合要求的筒子。

第二节　纬编织物分类与表示方法

一、针织物组织

　　线圈是针织物的基本结构单元,它是由织针完整地完成一个成圈过程而形成的。如果在成圈过程中,织针缺少闭口阶段或缺少脱圈阶段,以及织针在退圈阶段未从针舌上退下(退圈高度不足),就会形成集圈,如图3-2所示,黑纱在中间纵行形成的结构形态;如果在成圈过程中,织针缺少垫纱阶段或缺少退圈阶段(无退圈),就会形成浮线,如图3-3所示,黑纱在中间纵行形成的结构形态。线圈、集圈和浮线均为成圈过程发生变化所引起的,它们同属针织物基本结构单元的不同形态。不管何种针织物组织,其基本结构单元都可划分为线圈、集圈和浮线。

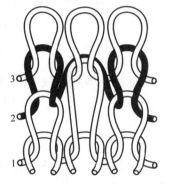
图3-2　集圈

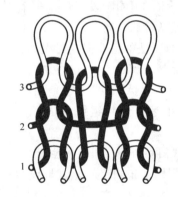
图3-3　浮线

　　针织物的种类很多,专业书籍中通常用组织进行命名与分类,并表征其结构,如图3-4所示的单面组织和图3-5所示的衬纬组织。

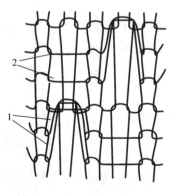
图3-4　单面组织

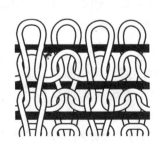
图3-5　衬纬组织

　　图3-4所示的单面组织中包含线圈、集圈1和浮线2,并且线圈、集圈和浮线这三种结构单元按照一定方式排列组合。同样,图3-5所示的衬纬组织中,除了线圈外还包含黑色的横向

附加纱线,且线圈与附加纱线按照一定方式进行配置。

纬编针织物的组织一般可以分为基本组织、变化组织和花色组织三类。

（一）基本组织

由线圈以最简单的方式组合而成,是针织物各种组织的基础。纬编基本组织包括平针组织、罗纹组织和双反面组织。

（二）变化组织

由两个或两个以上的基本组织复合而成,即在一个基本组织的相邻线圈纵行之间,配置另一个或者几个基本组织,以改变原来组织的结构与性能。纬编变化组织有变化平针组织、双罗纹组织等。

（三）花色组织

采用以下方法可以形成具显著花色效应和不同性能的纬编花色组织:

1. 改变或者取消成圈过程中的某些阶段

例如,在正常的退圈阶段,旧线圈应该从针钩内移至针杆上;若将退圈阶段改编为退圈不足(旧线圈虽然从针钩内向针杆上移动,但是没有退到针杆上),其他阶段不变,就形成集圈组织。同属于这种方法的还有提花组织等。

2. 引入附加纱线或其他纺织原料

图 3-5 所示为衬纬组织。它是在罗纹组织的基础上编入附加的衬纬纱线形成的。同属于这种方法的还有添纱组织、衬垫组织、毛圈组织、绕经组织、长毛绒组织、衬经衬纬组织等。

3. 对旧线圈和新纱线引入一些附加阶段

例如,对线圈附加移圈阶段,就形成纱罗组织。同属于这种方法的还有菠萝组织、波纹组织等。

4. 将两种或两种以上的组织复合

将两种或两种以上的组织进行复合,可形成被称为复合组织的花色组织。

二、纬编针织物结构的表示方法

为了便于表示纬编针织物的结构,以及织物设计和制订上机工艺,需要采用一些图形与符号来表示纬编针织物结构和编织工艺,目前常用的有线圈图、意匠图、编织图和三角配置图。

（一）线圈图

线圈在织物内的形态用图形表示,称为线圈图或线圈结构图,可根据需要表示织物的正面或反面。图 3-6 所示为平针组织正面的线圈图。

从线圈图中,可清晰地看出针织物结构单元在织物内的连接与分布,有利于研究针织物的性质和编织方法;但这种方法仅适用于较为简单的织物组织,因为复杂的结构和大型花纹,一方面绘制比较困难,另一方面也不容易表示清楚。

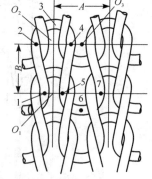

图 3-6　纬编线圈结构图

（二）意匠图

意匠图是把针织结构单元组合的规律,用人为规定的符号在小方格纸上表示的一种图形。每一行和列分别代表织物的一个横列和一个纵行。根据表示对象的不同,常用的有结构意匠图和花型意匠图。

1. 结构意匠图

它是将针织物的三种基本结构单元——成圈、集圈悬弧、浮线(即不编织),用规定的符号在小方格纸上表示。一般用符号"×"表示正面线圈,"○"表示反面线圈,"·"表示集圈悬弧,"□"表示浮线。图3-7(a)表示某一单面织物的线圈图,图3-7(b)是与线圈相对应的结构意匠图。

结构意匠图可以用来表示单面和双面的针织物结构,但通常用于表示由成圈、集圈和浮线组合的单面变换与复合结构,而双面织物一般用编织图表示。

2. 花型意匠图

花型意匠图主要用来表示提花织物正面的花型与图案。每一方格均代表一个线圈,方格内的不同符号仅表示不同颜色的线圈。至于用什么符号表示何种颜色的线圈,可由个人自己决定。图3-8为三色提花织物的花型意匠图,假定其中"×"代表红色,"○"代表蓝色,"□"代表白色。

在织物设计与分析以及制订上机工艺时,应注意区分上述两种意匠图所表示的不同含义。

（三）编织图

编织图是将针织物的横断面形态,按照编织的顺序和织针的工作情况,用图形表示的一种方法。表3-1列出了编织图中常用的符号,其中每一根竖线代表一枚织针。纬编针织机中广泛使用的舌针,有高踵针和低踵针两种。这里以长线代表"高",以短线代表"低",图3-9(a)和(b)所示分别代表罗纹组织和双罗纹组织图。

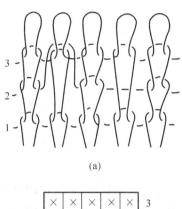

(a)

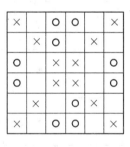

(b)

图 3-7 线圈图与结构意匠图

图 3-8 花型意匠图

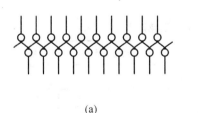

(a)

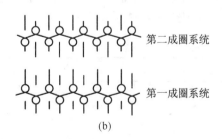

第二成圈系统

第一成圈系统

(b)

图 3-9 罗纹组织和双罗纹组织图

编织图不仅可以表示每一枚织针所编织的结构单元,而且显示了织针的配置与排列。这种方法适用于大多数纬编针织物,尤其适用于表示双面纬编针织物。

表 3-1　编织图常用符号

编织方法	织　针	表示符号	备　注
成　圈	针盘织针		—
	针筒织针		—
集　圈	针盘织针		—
	针筒织针		—
浮　线	针盘织针		—
	针筒织针		—
抽　针	—	｜○｜	符号"○"表示抽针

（四）三角配置图

在舌针纬编机上，针织物的三种基本结构单元是由成圈、集圈和不编织三角作用于织针而形成的。因此，除了用编织图等外，还可以用三角配置图来显示舌针纬编机织针的工作情况和织物的结构。三角配置表示方法可直观地反映按照织物设计所编排出的上机工艺。三角配置表示方法所用符号如表 3-2 所示。

表 3-2　成圈、集圈和不编织的三角配置表示方法

三角配置方法	三角名称	表示符号
成　圈	针盘三角	∨
	针筒三角	∧
集　圈	针盘三角	⌴
	针筒三角	⌐
不编织	针盘三角	—
	针筒三角	—

一般对于织物结构中的每一根纱线，都要根据其编织状况排出相应的三角配置。表3-3所示为编织双罗纹组织的三角配置。

表 3-3　编织双罗纹组织的三角配置

三　角	位置	第一成圈系统	第二成圈系统
上三角	低档	—	∨
	高档	∨	—
下三角	低档	∧	—
	高档	—	∧

第四章 纬编基本组织与变化组织及其编织工艺

第一节 纬平针组织

纬平针组织又称为平针组织,由一组织针向同一方向成圈串套而形成,其线圈大小均匀,为单面纬编织物的基础组织。

一、纬平针组织的结构

纬平针组织是纬编生产中最简单、最常用的组织,其线圈结构如图4-1所示。

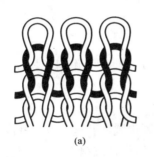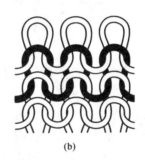

(a)　　　　　　　　　　(b)

图4-1 纬平针组织

图4-1(a)所示为织物正面,主要分布着线圈的圈柱,因而布面较为明亮;图4-1(b)所示为织物反面,主要分布着线圈的圈弧,因而布面较为暗淡。由于线圈实际是三维空间结构状态,存在纱线内应力,因而纬平针组织的织物在自由状态下,其上、下两端会向织物正面卷曲,而左、右两侧会向织物反面卷曲。纬平针组织可沿横列方向将纱线抽出而分别产生逆编织方向和顺编织方向的脱散,当纱线断裂时还会产生沿纵行方向的脱散。当纬平针组织在横向受到拉伸时,其线圈圈柱会向圈弧转移,使圈柱变短、圈弧延长;当纵向受到拉伸时,其线圈圈弧会向圈柱转移,使圈柱变长、圈弧缩短。

二、纬平针组织的特点与用途

(一) 线圈的歪斜

纬平针织物在自由状态下,其线圈常发生歪斜现象,在一定程度上直接影响了针织物的外观与使用。线圈的歪斜是由于纱线捻度不稳定所引起的,纱线力图解捻,引起线圈歪斜。线圈的歪斜方向与纱线的捻向有关,当采用Z捻纱时,织物正面的纵行从左下向右上歪斜;当采用S捻纱时,斜的方向正好相反,自右下向左上歪斜。这种歪斜现象对于使用强捻纱线的针织物更加明显。为减少纬平针织物的线圈歪斜现象,在针织生产中多采用弱捻纱,或预先对纱线进行汽蒸等处理,以提高纱线捻度的稳定性。

线圈的歪斜除与纱线的捻度有关外,还与纱线的抗弯刚度、织物的稀密程度等有关。纱线的抗弯刚度越大,织物的歪斜性越大;织物的密度越小,歪斜性也越大。因此,采用低捻和捻度稳定的纱线,以两根捻向相反的纱线进行编织,适当增加织物的密度,都可以减少线圈的歪斜。

（二）卷边性

纬平针织物在自由状态下,其边缘有明显的包卷现象,称为针织物的卷边性。针织物卷边性是由于弯曲纱线的弹性变形消失而形成的。纬平针织物横向和纵向的卷边方向不同,沿着线圈纵行的断面,其边缘线圈向织物反面卷曲;沿着线圈横列的断面,其边缘线圈向针织物的正面卷曲。而在纬平针织物的四个角,因卷边作用力相互平衡而不发生卷边。因而纬平针织物的卷边形状如图 4-2 所示。

图 4-2　纬平针织物的卷边

纬平针织物的卷边性随着纱线弹性的增大、纱线线密度的增大和线圈长度的减小而增加。卷边现象使针织物在后处理和缝制加工时产生困难,故纬平针织物一般以筒状坯布形式进行后处理,在裁缝前一般要经过轧光或热定形处理。

（三）脱散性

在针织物中,当纱线断裂或线圈失去串套联系后,在外力作用下,线圈依次从被串套线圈中脱出的现象,称为针织物的脱散性。

纬平针织物的脱散可能有以下两种情况:

① 纱线没有断裂,线圈失去串套而从整个横列中脱散。这种脱散只在针织物边缘横列中进行,线圈逐个连续地脱散。纬平针织物的脱散可以沿逆编织方向进行,也可沿顺编织方向进行。对于有布边的针织物,如图 4-3 所示,由于边缘线圈的阻碍,脱散仅能沿逆编织方向发生。纱线未断裂的线圈脱散,有时是有利的:它可使针织物脱散纱线回用而达到节约原料的目的;可在成型产品的连续生产过程中作为分离横列或握持横列;利用编织脱散线圈的方法可生产解编变形纱线;利用这种脱散可测量针织物的实际线圈长度,分析针织物的组织结构。

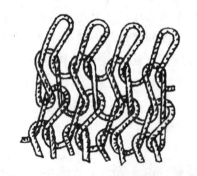

图 4-3　针织物线圈沿横列顺序脱散

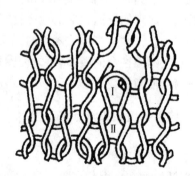

图 4-4　纱线断裂处线圈脱散

② 纱线断裂,线圈沿着纵行,从断裂纱线处分解而脱散。这种脱散可在纬平针织物的任何地方发生,将影响针织物的外观,缩短针织物的使用寿命。如图 4-4 所示,断裂纱线首先从

线圈Ⅰ中脱出,使线圈Ⅱ失去支持,然后线圈Ⅰ便可从线圈Ⅱ中脱出。

针织物的脱散性与线圈长度成正比,与纱线的摩擦系数及抗弯刚度成反比。当针织物受到横向拉伸时,由于圈弧扩张,也会加剧针织物的脱散,制作成衣时需要缝边或拷边。

（四）延伸度

针织物的延伸度是指针织物在外力拉伸作用下的伸长程度。它主要是由于线圈结构的改变而发生的变形,纱线本身的伸长是微乎其微的。由于拉伸作用的不同,针织物的延伸度有单向和双向之分。针织物的单向延伸度是指针织物受到一个方向的拉伸力作用后,其尺寸沿拉伸方向增加,而垂直于拉伸方向缩短的程度;针织物的双向延伸度是指拉伸同时在两个垂直方向上进行时,针织物面积增加的程度。

无论是单向拉伸或双向拉伸,在针织品的使用、加工过程中都会碰到。例如,袜子穿在脚上是纵横向同时拉伸,棉毛衫裤穿着时肘部和膝部等部位经常受到双向拉伸,而针织坯布在漂染加工中主要承受单向拉伸。

图4-5(a)所示为纬平针织物在纵向拉伸时线圈形态的变化情况。线圈由于受到拉伸力的作用,各部分线段发生转移,圈弧的纱线部分地转移为圈柱,因而圈柱伸长。随着拉力的增加,圈柱变得更长,直至相邻线圈的圈弧紧密接触,其圈弧的弯曲程度达到最大为止。在这种拉伸条件下,弧线1—2、3—4和5—6的总长度为直径 $d=3f$ 的圆周长度(f 为纱线直径),而线段2—3或4—5的长度可以认为是线圈的最大高度 B_{max},这时的圈距 A 为最小圈距 A_{min}。

图4-5(b)所示为纬平针织物在横向拉伸时线圈形态的变化情况。这时圈柱的纱线部分地转化为圈弧,因而线圈宽度增加,高度相应减小。随着拉力的增加,圈柱段变得更短,圈弧段变得更长,直到具有最大的圈距 A_{max} 为止,这时的圈高 B 为最小圈高 B_{min}。

由此可见,纬平针织物在纵、横向拉伸时,圈高 B 和圈距 A 的变化是有一定范围的,超过这个范围,针织物就会被破坏。而且实验表明,纬平针织物具有横向比纵向更容易延伸的特性。

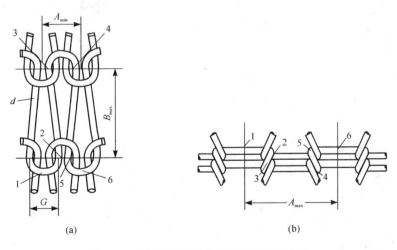

图4-5　纬平针织物拉伸时线圈形态的变化

（五）用途

纬平针组织织物轻薄、用纱量少。纬平针组织主要用于生产内衣、袜品、毛衫,以及一些服装的衬里和某些涂层材料底布等。纬平针组织也是其他单面花式织物的基本结构。

三、纬平针组织的编织工艺

纬平针织物一般在采用钩针或舌针的单面纬编针织机上编织,也可在双面纬编针织机上利用一个针床(筒)编织。

(一)纬平针组织在钩针纬编机上的成圈过程

利用钩针编织纬平针织物的机器主要是台车。台车除针筒上固装有钩针外,在针筒周围的固定位置上,根据针筒直径,安装有5~10个成圈系统。针筒转一转,每一成圈系统单独编织一个线圈横列,因此机器生产效率是随着成圈系统数的增多而提高的。

图4-6表示一个成圈系统(即一路),由退圈圆盘1(印光)、辅助退圈轮2、导纱器3、弯纱轮4(面子滚母)、压针钢板5、套圈轮6(小挺)和成圈轮7(大挺)组成;其中,退圈圆盘、套圈轮和成圈轮位于针筒的内侧,在工作中除导纱器和压针钢板固定不动以外,退圈圆盘由针织物带动而回转,辅助退圈轮、套圈轮和成圈轮均由钩针带动。

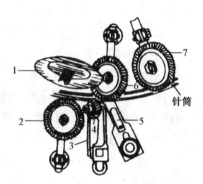

图4-6 台车的成圈机构

钩针纬编机的成圈过程如下:

1. 退圈

如图4-7(a)所示。针织物通过退圈圆盘1的边缘被压下,使旧线圈3从织针2的针钩内退到针杆上,为垫纱做好准备。同时辅助退圈轮上的钢片4在织针间从针头向针杆移动,以压下乱纱、粗纱及退圈时没有退到针根的旧线圈。

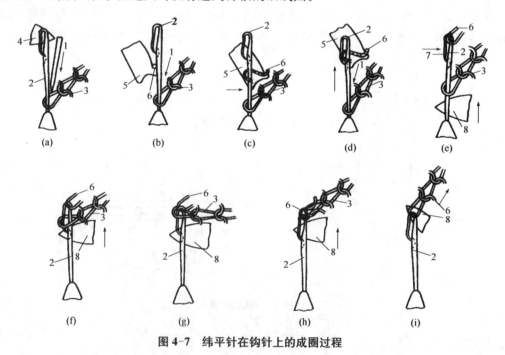

图4-7 纬平针在钩针上的成圈过程

2. 垫纱

如图4-7(b)所示,弯纱轮上的钢片5将导纱器喂入的纱线6垫于针钩下的针杆上。

3. 弯纱

如图4-7(c)所示,与针钩啮合的弯纱轮上的钢片5,在织针间由下到上、由浅到深,逐步将纱线弯成圈状线段6,并随钢片上升到针钩内[图4-7(d)]。

在上述各阶段中,针织物均是处在退圈圆盘作用之下,因此这些旧线圈均是强制地停留在针杆的下部。

4. 闭口

如图4-7(e)所示,压针钢板7作用在钩针的针鼻处,将针尖压入针槽内,使针口闭合,以便旧线圈套到针钩上。

5. 套圈

如图4-7(f)所示,在针口闭合状态下,弯曲的圈状线段6和旧线圈3为针尖所隔开。当针织物离开退圈圆盘的作用区域后,旧线圈3在套圈轮的钢片8及牵拉机构牵引力的作用下,从针杆下端急速上移,而套到被压的针钩上。

6. 脱圈与成圈

如图4-7(g)和(h)所示,当旧线圈套上针钩后,针钩就离开压针钢板7。在成圈轮钢片的作用下,旧线圈上移,与弯曲的圈状线段相接触,并从针头滑到新线圈6上,以形成规定尺寸的、封闭的新线圈6。

7. 牵拉

如图4-7(i)所示,已形成的新线圈6借助牵拉机构的作用,被拉向针背一面,以便为下一成圈过程的退圈做准备。

(二) 纬平针组织在舌针纬编机上的成圈过程

舌针编织纬平针织物的主要机器为多三角机。装有沉降片的多三角机,它的成圈机件相对位置如图4-8所示。舌针1插在针筒2的针槽中。沉降片3安插在沉降片圆环4的片槽中,针筒回转时带动沉降片圆环做同步回转。箍簧5作用在针上,防止舌针外扒。舌针受三角座6上的三角7控制,做上下移动。沉降片受沉降片三角座8上的三角9控制,做径向移动。10为导纱器(钢梭子)。

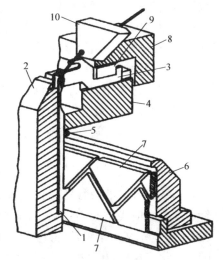

图4-8　多三角机成圈机构

舌针纬编机的成圈过程如下:

1. 退圈

退圈就是使处于针钩下的旧线圈移至针舌下的针杆上。在多三角机上,退圈是一次完成的。舌针直接从最低位置上升到最高位置,如图4-9所示,退圈时,当舌针针头通过沉降片片颚平面线时,沉降片要向针筒中心挺足,使片喉处于针背平面线上,以握持住线圈的沉降弧,防止织物随针一起上升。在舌针上升退圈时,针舌由旧线圈打开。因此,当针舌绕轴转动不灵活时,该针上的旧线圈会受到过度的拉伸而伸长,从而影响线圈的均匀性,造成织物纵条疵点。旧线圈从针舌上脱下,这时针舌形似一根悬臂梁,受到旧线圈的作用而变形。当旧线圈从针舌上滑下时,针舌在变形能的作用下产生弹跳,可以使针口关闭,而影响以后成圈过程的正常进行。为此,在旧线圈从针舌上脱下之前,舌针应该进入钢梭子的控制范围内,防止针舌关闭。

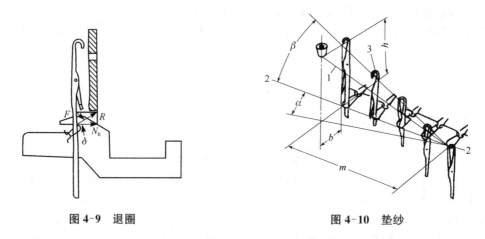

图 4-9 退圈　　　　　　　　　　　　图 4-10 垫纱

2. 垫纱

退圈结束后,织针下降而将纱线垫放于针钩之下。导纱器的位置正确与否,是能否正确垫放纱线的关键。图 4-10 为纱线垫放在针舌上的情况。从导纱器引出的纱线 1 在针平面上的投影与旧线圈配置线之间的夹角 β,称为垫纱纵角。纱线 1 在水平面上的投影与旧线圈配置线的夹角 α,称为垫纱横角。在实际生产中,是通过调节导纱器的高低 h、前后 b 及左右 m 的位置来保证得到合适的垫纱纵角 β 及垫纱横角 α。图 4-10 中,2 为旧线圈,3 为织针。

3. 闭口

当织针钩住纱线,针踵继续沿弯纱三角的斜面下降时,线圈与针舌相遇,将针舌关闭,使旧线圈和将形成的新线圈分隔于针舌的内外,这一过程称为闭口。闭口开始于旧线圈和针舌相遇的阶段,结束于针舌销通过沉降片片颚所形成的握持平面。针舌在闭口阶段开始时,由于针筒回转离心力的作用而上翘,与针杆形成一个夹角,这有利于闭口的进行,可防止部分纤维跑到针舌上面而妨碍闭口运动的进行。

在闭口过程中,针舌以针舌销为中心回转,针舌的角速度在开始时比较小,以后逐步增加,当闭口结束时角速度最大,这时针舌会给针钩一个撞击,从而影响织针的使用寿命。为避免这一现象,可通过降低舌针在闭口阶段的垂直运动速度,来减少针舌对针钩的撞击作用。

4. 套圈

当针踵继续沿弯纱三角的斜面下降时,旧线圈将沿针舌上升。旧线圈套于针舌上的这一阶段称为套圈,如图 4-11 所示。由于织针的外形尺寸变化,线圈的大小也随之变化。这样,在套圈中将产生纱线的转移,弯纱角的角度将影响同时进行套圈的织针数:角度大,同时进行套圈的织针数少,有利于纱线的转移及套圈过程的进行;反之,当角度减小时,则同时参加套圈的织针数增多,影响纱线的转移,严重时会造成套圈时纱线断裂。

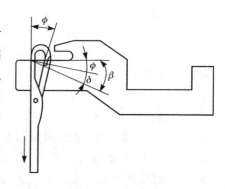

图 4-11 套圈

5. 脱圈、弯纱与成圈

使旧线圈从针头上脱下,并套于新线圈上,称为脱圈;将纱线弯曲成圈状,并使其达到规定的尺寸,称为弯纱与成圈。

在利用舌针进行编织的成圈过程中,套圈以后,当针头下降到沉降片的握持平面以下时,旧线圈从针头上脱下,并套于新线圈上。新线圈的长度将随着织针的下降而逐渐增加。针钩内点相对于沉降片片颚线下降的距离称为弯纱深度,由它决定线圈长度,即决定针织物的密度,弯纱深度值越大,线圈长度越长。线圈长度与弯纱深度之间存在着一定的依存关系;但是由于参与其间的因素较为复杂,目前还没有建立起比较完整的定量关系式。弯纱按其进行的方式可分为单式弯纱和复式弯纱两种:单式弯纱是由织针一次弯成所需长度的线圈;复式弯纱是首先隔针弯纱成加倍长度的圈状线段,然后从这些圈状线段中抽出纱线,均匀分配在所有织针上,以形成大小一致的线圈。一般将前一过程称为弯纱阶段,将后一过程称为分纱阶段。

6. 牵拉

牵拉是将成圈以后的线圈拉向针背,防止舌针上升进行退圈时旧线圈重新落入针钩。在多三角机上,牵拉是由沉降片完成的。

四、变化平针组织的结构

变化纬平针组织如图 4-12 所示。它是在一个纬平针组织的纵行中间配置另一个纬平针组织的纵行而形成的。

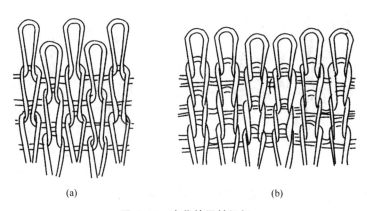

(a)　　　　　　　　　　　　(b)

图 4-12　变化纬平针组织

第二节　罗纹组织

一、罗纹组织的结构

罗纹组织是由数量不同的正、反面线圈纵行交替配置而成的。例如,有两种罗纹组织,如图 4-13 所示。图 4-13(a)所示为 1+1 罗纹,即正、反面线圈纵行呈一隔一配置;图 4-13(b)所示为 2+2 罗纹,表示正、反面线圈纵行以二隔二配置;还有 3+2 罗纹,表示正、反面线圈纵行以 3 隔 2 配置;等等。

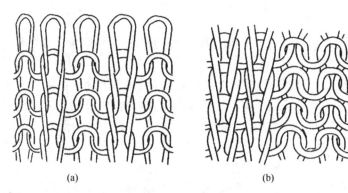

(a)　　　　　　　　　　　(b)

图 4-13　罗纹组织

1+1 罗纹是最常用的罗纹组织。1+1 罗纹织物的一个完全组织(最小循环单元)包括一个正面线圈和一个反面线圈,交替形成罗纹组织。由于一个完全组织中的正、反面线圈不在同一平面上,因而沉降弧须由前到后,再由后到前地把正面线圈连接起来,造成沉降弧较大的弯曲与扭转,结果使以正、反面线圈纵行相间配置的罗纹组织每一面的正面线圈纵行相互靠近。这样,在自然状态下,织物的两面只能看到正面线圈纵行,如图 4-14(a)所示。图 4-14(b)是横向拉伸时的结构。横向拉伸时,连接正、反面线圈纵行的沉降弧趋向于与织物平面平行,反面线圈纵行会从正面线圈后面被拉出,在织物的两面都能看到交替配置的正面线圈纵行和反面线圈纵行。

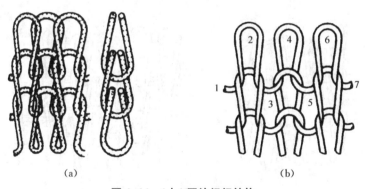

(a)　　　　　　　　　　　(b)

图 4-14　1+1 罗纹组织结构

根据一个罗纹完全组织中正、反面线圈纵行数的不同,可以形成不同的织物外观风格和性能。如 1+1 罗纹、2+2 罗纹这样的平衡组织,其上、下两端不会产生卷曲,其左、右两侧会随着同种线圈纵行数的增多而产生一定的卷曲。罗纹组织在横向只能产生逆编织方向的脱散,而不能产生顺编织方向的脱散。罗纹组织的弹性和延伸性均比纬平针组织大,在服装上常用来做领口、袖口、裤口、下摆等。

罗纹组织是由两组织针,按不同的间隔排列要求,向相反方向成圈串套而形成的。它是纬编双面组织的基础组织。

二、罗纹组织的特点与用途

(一) 弹性与延伸度

罗纹组织的纵向延伸度类似于纬平针组织。1+1 罗纹组织在纵向拉伸时的线圈结构形态如图 4-15 所示。

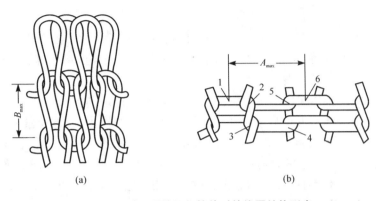

(a)   (b)

图 4-15 1＋1 罗纹组织拉伸时的线圈结构形态

罗纹组织的最大特点是具有较大的横向延伸度和弹性。在罗纹织物中,由于组织结构的关系,在每个正反面线圈的纵行交界处,都隐藏有反面线圈纵行。当受到横向拉伸时,首先是隐潜在正面线圈后面的反面线圈被拉出,产生了较大的横向增量。1＋1 罗纹组织在横向拉伸时的线圈结构形态如图 4-15 (b) 所示,在此基础上继续拉伸,则发生线段的转移。当外力去除后,织物又会回复原状。这样的结构特点使罗纹组织具有优良的横向延伸度和弹性。

罗纹组织的弹性和延伸度与其正反面线圈纵行的不同配置有关。一般而言,1＋1 罗纹组织的弹性和延伸度优于 2＋1、2＋2、5＋3 等罗纹组织。罗纹组织织物的完全组织越大,则横向延伸度越小,弹性也越小。罗纹组织的弹性还与纱线的弹性、纱线间摩擦力及织物密度有关。纱线的弹性越好,织物拉伸后回复原状的能力就越强;纱线之间的摩擦力取决于纱线间的压力和纱线间的摩擦系数;在一定范围内,结构越紧密的罗纹针织物,其纱线弯曲程度也越大,因而弹性越好。

（二）脱散性

1＋1 罗纹组织只能在边缘横列逆编织方向脱散。其他种类如 2＋2、2＋3 等罗纹组织,除了能逆编织方向脱散外,由于相连在一起的正面或反面的同类线圈纵行与纬平针组织的结构相似,故当某线圈的纱线断裂时,也会发生线圈沿着纵行从断纱处分解脱散的梯脱现象。

（三）卷边性

在正反面线圈纵行数相同的罗纹组织中,由于造成卷边的力彼此平衡,因而并不出现卷边现象。在正反面线圈纵行数不同的罗纹组织中,虽有卷边现象,但不严重。

（四）用途

罗纹组织因具有较好的横向弹性与延伸性,适宜制作内衣、毛衫、袜品等的紧身收口部段,如领口、袖口、裤脚管口、下摆、袜口等。而且,由于罗纹组织顺编织方向不能沿边缘横列脱散,所以上述收口部段可直接织成光边,无需再缝边或拷边。罗纹织物还常用于生产贴身或紧身的弹力衫裤,特别是织物中衬入氨纶等弹性纱线后,服装的贴身、弹性和延伸效果更佳。

三、罗纹组织的编织工艺

能够生产罗纹织物的针织机较多,现以横机为例加以说明。横机是一种采用舌针的双面纬编平型针织机,通过移动的三角对针踵作用,使织针做纵向运动而完成成圈过程。

（一）退圈

退圈是由起针三角1、2和挺针三角3完成的,如图4-16所示。但在横机上,由于机头要做往复运动,因此起针三角和压针三角的配合面形成针道,使得起针三角的角度受压针三角所制约。

图4-16为横机成圈机构图。从图中可以看到,当机头自右向左运动时,针踵与起针三角2接触之前,先受到压针三角5的外侧道 X 和回针平面 Y 的作用,向下拉紧旧线圈,一直到压针三角的最低点 Z。 Z 点基本上确定了织针和起针三角开始的接触点。由于压针三角的压针最低点是根据密度进行调节的,因此起针点不可能固定在一个点上。另外,横机在编织过程中,经常有空针进入工作参加编织,如起头和放针。由于空针上没有旧线圈存在,因此空针起针点的高低随针槽松紧而异。为了避免空针针踵与起针三角的尖角相撞,除了适当增加织针在针槽中的运动阻力外,在设计起针三角时,要使起针三角的下尖角与压针三角下底边相距约10 mm。横机上两针床的起针应该对称同步,否则会产生漏针。因为起针较早的织针在其退圈过程中,会将本身的旧线圈和邻近织针上的旧线圈带着向上浮起。当对面针床上的织针起针较迟时,上浮的线圈可能从针钩上脱下而造成漏针。在机号为11的横机上,挺针最高点的针舌尖离筒口线的距离约为10 mm,比一般针织机大。这主要是由针床配置角度、牵拉方式,以及两针板口面之间的距离确定的。

图4-17为织针在退圈过程中的情况,开始时,针头从筒口线下方上升,由于三角的作用及牵拉力的配合,织针顺利地升起,从而使针钩钩住的线圈转到牵拉力的作用平面内。线圈在牵拉力的作用下,沿针舌向下滑动。横机上两针床的夹角为97°,因此针背面与铅垂面之间的夹角为48.5°,而针舌上平面与针背所成夹角为15°左右,这样将使针舌和牵拉力之间的夹角高达60°以上,增加了退圈时的阻力。因此,线圈将随着针上升,直到与对面针筒口相碰为止,然后再从针舌上滑下。这样,为了完成退圈,所需要的挺针高度必须相应加大。

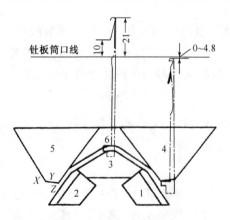

图4-16　横机成圈机构

图4-17　横机退圈过程

起针三角和挺针三角交界的位置一般设计在针舌尖进筒口1 mm处。这样,当编织集圈组织时,只需将挺针三角退出工作。挺针三角的角度应比起针三角小,一般约为35°,因为挺针三角3与眉毛三角6相配合组成针道(图4-16)。减小挺针三角的角度,可以使织针在改变运动方向时比较缓和。

（二）垫纱

横机上毛刷的作用是用来打开针舌和压住针舌。由于在横机上经常有空针进入工作，因此毛刷的作用显得更为重要。毛刷安装时必须使之在机头往复运动时都能起作用，因此毛刷的中心位置应该处于挺针三角的中心线上，毛鬃头端与筒口线应平行。毛刷的作用是刷开针舌，因此安装时只要使针钩尖端沉入毛刷内即可，沉入过多，会增加毛刷与针头的磨损。毛刷要安装得比导纱器高一些，离口齿约 2 mm。当毛刷安装得比导纱器低或者和导纱器平齐时，毛刷的鬃毛会妨碍毛纱跟随导纱器运动；尤其在横机两端机头调头的时候，鬃毛带住毛纱会造成漏针和豁边等疵点。

横机上前、后针床的三角是对称的，为了使前、后针床的垫纱条件相仿，因此导纱器应处在两针床之间的中心线上。导纱器安装得过低会打坏针舌，适当地提高导纱器位置，将使垫纱纵角有所增加，可避免毛纱被剪刀口轧住；但导纱器位置过高，由于垫纱横角增大，针钩会钩不住纱线而造成漏针的现象。

垫纱时纱线应有适当的张力，否则纱线跳动将使针钩钩不住纱线而造成漏针，在机头调头时纱线会变松，这时需要挑线弹簧及时张紧纱线，否则会产生豁边、线圈过松或者纱线露出边口外边的弊病。

（三）闭口

针踵沿眉毛三角下降时，旧线圈和针舌相遇，使针舌上转，针口关闭。

（四）套圈、脱圈、弯纱及成圈

当针踵沿着眉毛三角运动而过渡到压针三角时，舌针继续下降，实现套圈、脱圈、弯纱和成圈等过程。

编织罗纹时，两针床的筒口距是比较大的，因此，压针三角最低点的位置校正到旧线圈能从针钩上脱下即可。从罗纹组织的结构和特性可以知道，罗纹组织的横向延伸性和弹性主要受正反面线圈纵行之间的沉降弧所制约。适当地加长沉降弧和缩短针编弧，不仅可以使正面线圈纵行排列整齐、向外凸出、条纹清晰，而且可以使罗纹的弹性增加。这也是编织罗纹时加大两针床间距的理由。

（五）牵伸

在横机上，牵拉所起的作用和其他针织机一样，也是为了将已形成的针织物引出成圈区域，同时在退圈时拉住旧线圈，不使它随着舌针的上升而向上浮出筒口线过多。

第三节　双罗纹组织

一、双罗纹组织的结构

双罗纹组织如图 4-18 所示。它是在一个罗纹组织的纵行中间配置另一个罗纹组织的纵行而成的，属罗纹组织的变化组织。在双罗纹组织的织物两面看到的均是正面线圈纵行，即使给予横向拉伸也不会显露出反面线圈纵行。因为两个罗纹组织的正反面纵行线圈恰好正对，正面纵行线圈遮掩了反面纵行线圈。双罗纹组织还有其他形式及花色效应。例如：2+2 双罗纹、1+3 双罗纹等；将一些针盘针或针筒针抽去，可得到具有凹凸效应的抽条棉毛织物；采用色纱的不同排列,可得到横条、纵条及方格图案。

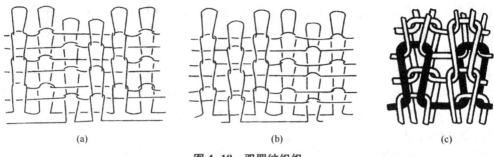

(a)　　　　　　　　(b)　　　　　　　　(c)

图 4-18　双罗纹组织

二、双罗纹组织的特点与用途

(一) 结构参数

双罗纹组织的线圈长度可根据以下经验公式计算:

$$棉纱 \qquad l = 1.8A + 2B + 3.6d \tag{4-1}$$

$$人造丝 \qquad l = 1.8A + 2B + 1.5d \tag{4-2}$$

式中:A 为圈距(mm);B 为圈高(mm);d 为纱线直径(mm);l 为线圈长度(mm)。

在生产中,双罗纹组织的线圈长度也可根据未充满系数确定。一般内衣及运动衣的双罗纹组织的未充满系数为 19~26,采用棉纱时为 19~21,采用毛纱时为 19~22。

双罗纹织物的宽度,由于同一横列的相邻线圈不是配置在同一高度,而是沿纵向相差半个圈高,因而线圈的圈距较圈高小。这使得布面更致密,幅宽较窄。

(二) 弹性与延伸性

由于双罗纹组织由两个拉伸的罗纹组织复合而成,因此在未充满系数和线圈纵行配置与罗纹组织相同的条件下,其延伸性、弹性较罗纹组织小,尺寸比较稳定。

(三) 脱散性与卷边性

在双罗纹织物中,当个别线圈断裂时,因受另一个罗纹组织中纱线的摩擦阻力,脱散性较小。双罗纹组织只能沿逆编织方向脱散,不会卷边。

(四) 用途

根据双罗纹组织的编织特点,采用不同色线、不同方法上机可以得到多种花色效应,如彩横条、彩纵条、彩色小方格等花色双罗纹织物,俗称花色棉毛布。另外,在上针盘或下针筒上的某些针槽中不插针,还可得到各种纵向凹凸条纹,俗称抽条棉毛布。

在纱线细度和织物结构参数相同的情况下,双罗纹织物比平针和罗纹织物紧密厚实,是制作冬季棉毛衫裤的主要面料。除此之外,双罗纹织物还具有尺寸比较稳定的特点,所以也可用于生产休闲服、运动装和外套等。

三、双罗纹组织的编织工艺

(一) 成圈机件与配置

双罗纹机即棉毛机,主要生产双罗纹织物,其基本组织由两个 1+1 罗纹组织复合而成。

双罗纹机生产时需要两组织针，分别为针盘高踵针、低踵针和针筒高踵针、低踵针，其配置形式如图 4-19 所示。针筒高踵针 1 和低踵针 2 相间排列，分别对应针盘的低踵针 4 和高踵针 3。在织机上，针盘上的针槽与针筒上的针槽相对排列。由图中还可看出，双罗纹机编织时，织物的一个横列需要两个成圈系统来完成。成圈时所有织针不能同时进行，它们需要分组成圈，先由针盘上的高踵针与针筒上的高踵针成圈（或两针床的低踵针成圈），然后再由下一组针成圈。因此，编织一个双罗纹横列需要两个成圈系统来完成，这样双罗纹机上的成圈系统数总是偶数。三角系统中，上、下针床分别有两个针道，如图 4-20 所示的双罗纹机的三角系统。

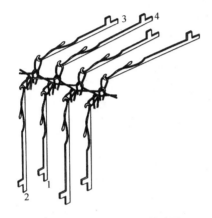

图 4-19 双罗纹机织针配置

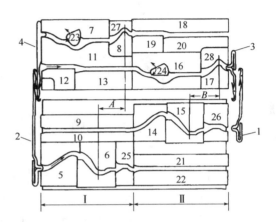

图 4-20 双罗纹机的三角系统

在奇数成圈系统 I 中，下低档三角针道由退圈三角 5、弯纱三角 6 和其他辅助三角组成，上下低档三角针道由退圈三角 7、弯纱三角 8 和其他辅助三角组成。上下低档三角组成一个成圈系统，控制下低踵针 2 和上低踵针 4 编织一个 1+1 罗纹。同时，上下高踵针 3 和 1 经过三角 9、10 和 11、12、13 组成的水平针道，将原有的旧线圈握持在针钩内，不完成成圈过程，即不编织。在偶数成圈系统 II 中，上、下高档三角分别经过三角 16、17 和 14、15 及其辅助三角完成成圈过程，而此时的上、下低踵针沿着三角 18、19、20 和 21、22 组成的针道运动，握持着旧线圈不进行编织。在图中，三角 23、24 是活络三角，控制着上针集圈或成圈；距离 A 和 B 表示针盘针滞后于针筒针成圈的时间。

（二）成圈过程

1. 退圈

双罗纹机退圈时一般有两种形式。一种是起针时上、下针同步起针；另一种是上针先起针，超前下针 1～3 枚。在后一种方式中，上针起针时，下针握持着线圈，起到沉降片的作用，防止了织针起针时织物随之一起上升而涌出筒口造成疵点，同时也减少了织物的牵拉张力。

2. 垫纱

图 4-21 所示为双罗纹机的垫纱形式。下针先下降垫纱，此时上针随着下针的弯纱成圈而完成垫纱过程，导纱器的调节应以下针为主，兼顾上针。

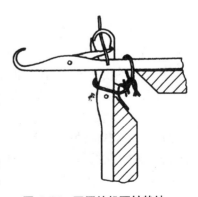

图 4-21 双罗纹机下针垫纱

3. 弯纱

图4-22所示为双罗纹机下针弯纱的形式。下针弯纱的程度较大,线圈加长,然后回退,进行如图4-23所示的上针弯纱过程。这种分纱式的弯纱减小了弯纱张力,有利于提高线圈的均匀性。

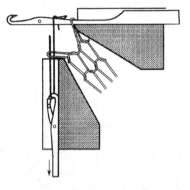

图4-22 双罗纹机下针弯纱

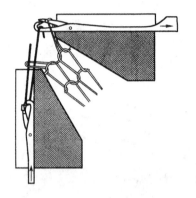

图4-23 双罗纹机上针弯纱

4. 成圈

在下针回退、上针完成弯纱后,下针仍伸出筒口1～1.5 mm,形成的线圈还比较松弛。在部分棉毛机上,上针弯纱完成后,下针稍微下降(俗称煞针),整理线圈,使其均匀而达到设计的线圈长度。煞针还可以防止上、下针相撞,以便顺利编织。

双罗纹机上、下针的走针轨迹与配合可用图4-24表示。图中,1是下针的走针轨迹,2是上针的走针轨迹,3是筒口线。

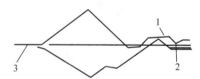

图4-24 双罗纹机上、下针运动轨迹与配合

第四节 双反面组织

一、双反面组织的结构

双反面组织是由数量不同的正、反面线圈横列交替排列而形成的。1+1双反面组织如图4-25所示。在自由状态下,线圈力图反抗变形而倾斜,于是线圈圈弧突出于织物表面,线圈圈柱隐藏于织物当中,在织物两面都能看到类似纬平针工艺反面的外观,故称作双反面组织。除1+1双反面组织外,还有其他的双反面组织类型。例如:2+3双反面组织,表示织物工艺正面的正、反面线圈横列以2正、3反的形式交替排列;4+2双面组织,表示织物工艺正面的正、反面线圈横列以4正、2反的形式交替排列;等等。双反面组织需采

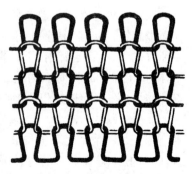

图4-25 双反面组织

用双头舌针进行编织。

二、双反面组织的特点与用途

（一）纵密和厚度

双反面组织由于线圈倾斜，织物的纵向长度缩短，因而增加了织物的厚度及其纵向密度。双反面组织的线圈倾斜程度与纱线的弹性、纱线线密度和织物密度有关。

（二）弹性与延伸性

纵向拉伸时具有很大的弹性和延伸度，从而使双反面组织具有纵、横向延伸性相近似的特点。

（三）卷边性

双反面组织的卷边性随正面线圈横列与反面线圈横列的组合不同而不同。如1+1和2+2这种由相同数目的正、反面线圈横列组合而成的双反面组织，因卷边力互相抵消，不会卷边。2+1和2+3等双反面组织，由正、反面线圈横列所形成的凹陷与浮凸横条效应更为明显。如将正、反面线圈横列以不同的组合进行配置，就可以得到各种不同的凹凸花纹，其凹凸程度与纱线弹性、线密度及织物密度等因素有关。

（四）脱散性

因双反面组织的横列结构类似纬平针组织，故双反面组织既能沿逆编织方向脱散，又能沿顺编织方向脱散。

（五）特性

双反面组织只能在双反面机或具有双向移圈功能的双针床圆机和横机上编织。这些机器的编织机构较复杂，机号较低，生产效率也较低，所以该组织不如平针、罗纹和双罗纹组织的应用广泛。双反面组织及其由双反面组织形成的花色组织，被广泛用于羊毛衫、围巾和袜品生产中。

三、双反面组织的编织工艺

双反面组织是采用双头舌针进行编织的。双头舌针如图4-26所示。双反面机是一种双针床舌针纬编机，有平型和圆型两种，目前平型双反面机基本上已经不生产了，被横机取而代之。双反面机的机号一般较低。

图4-26 双头舌针

（一）成圈机件及其配置

在成圈过程中，双头舌针借助于导针片而产生移动，导针片则由三角座通过导针片片踵得以运动。成圈可以在双头舌针中的任何一个针头上进行，由于两个针头的脱圈方向不同，因此如果在一个针头上形成正面线圈，那么另一个针头上将形成反面线圈。

采用双头舌针的针织机是双面针织机，针槽相对配置，且在一条直线上；织针插在针床（或针筒)的针槽中,相对的针槽中只能插一枚织针,在每一个针槽中还安插着导针片。双头舌针可以在导针片的作用下,从一个针床的针槽转移到另一个针床的针槽中。

(二) 成圈过程

双反面组织的编织方法如图 4-27 所示。

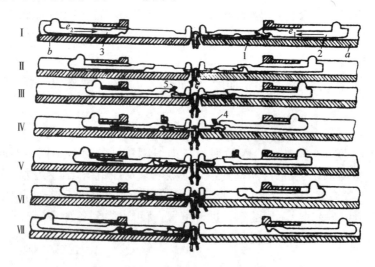

图 4-27　双反面组织编织方法

1. 位置 Ⅰ

表示双头舌针 1 在 a 针床上刚用它左边的针头成圈完毕,导针片 2 沿箭头 e_1 方向推双头舌针,同时 b 针床上的导片 3 沿箭头 e_2 方向移动。

2. 位置 Ⅱ

表示导针片 2 继续前移,使双头舌针由 a 针床推向 b 针床,同时另一针床上的导针片也继续前移。

3. 位置 Ⅲ

表示导针片 2 将双头舌针推向中间位置,另一针床上的导针片 3 移到其斜面上,被斜块 5 抬起。

4. 位置 Ⅳ

表示导针片 2 将双头舌针的左针头推向导针片 3 的导针钩下面;然后导针片 2 被斜块 4 抬起,与双头舌针脱离接触,另一针床上的导针片 3 钩住双头舌针向后运动。

5. 位置 Ⅴ 和 Ⅵ

表示双头舌针在导针片 3 的控制下,用其右针头编织线圈。

6. 位置 Ⅶ

表示右针头编织完毕。

在以后的成圈过程中,双头舌针交替用左面针头或右面针头编织线圈,最后编织出双反面组织。

第五章　纬编的花色组织与圆机编织工艺

在纬编生产中,除了采用前文所述的基本组织(原组织和变化组织)外,还广泛采用各种花色组织。花色组织是采用各种不同的纱线,按照一定的规律,编织不同结构的线圈而形成的。花色组织按照线圈结构,基本上可分为提花组织、衬垫组织、集圈组织、毛圈组织、菠萝组织、纱罗组织、波纹组织、长毛绒组织和衬经衬纬组织等,以及由上述组织组合而成的复合组织。

花色组织较基本组织复杂,编织中一般需采用特殊的走针轨迹,其成圈机件随着组织结构的不同亦有所改变。在编织较为简单的花色组织时,有的可在一般针织机上进行,根据花纹需要对三角做适当的调整即可;在编织较为复杂的花色组织时,需要专门的选针机构等装置来满足编织花型的需要。

第一节　提花组织与编织工艺

一、提花组织的结构与分类

提花组织是将纱线垫放在按花纹要求所选择的某些织针上编织成圈,而未垫放纱线的织针不成圈,纱线呈浮线状浮在这些不参加编织的织针后面所形成的一种花色组织。其结构单元由线圈和浮线组成。提花组织可分为单面和双面两种。

（一）单面提花组织

单面提花组织的结构有均匀与不均匀两种,每种又有单色与多色之分。

1. 均匀单面提花组织

在线圈结构均匀的提花组织中,所有的线圈大小基本上都相同。两色提花组织由两根不同颜色的纱线形成一个线圈横列,三色提花组织则由三根不同颜色的纱线形成一个线圈横列。三色以上均属于多色提花组织,应用较少。图5-1所示为两色提花组织,将两种颜色的纱线所形成的线圈进行适当的配置,就可在织物表面形成各种不同图案的花纹,在每个线圈的后面都有一根未参加编织的浮线。如果浮线太长,容易产生勾丝,影响产品质量。这种组织具有如下特征:

① 在每一个横列中,每一种色纱都出现一次;如果为两色提花,每一个横列中有两种色纱出现。

② 线圈大小相同、结构均匀,织物外观平整。

③ 每个线圈的后面都有浮线,浮线数等于色纱数减"1",如为两色提花,每个线圈后面都有一根浮线(两色浮线交换处除外)。

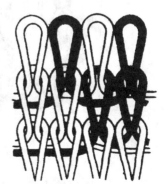

图5-1　两色均匀单面提花组织

2. 不均匀单面提花组织

在线圈结构不均匀的提花组织中,线圈的大小不完全相同,如将提花线圈与平针线圈进行适当的排列,就可形成具有各种不同效应的提花组织,如图5-2所示。图中,线圈纵行2与线圈纵行4由提花线圈所组成,线圈纵行1与线圈纵行3由平针线圈所组成。在编织过程中,由于纱线的转移,提花线圈的高度将两倍于平针线圈,使提花线圈纵行凸出在织物的表面;平针线圈纵行则由于线圈被抽紧变小而凹陷在提花线圈纵行之下,在外观上形似罗纹。将不同颜色的线圈在提花线圈纵行之间进行适当的配置,即可形成提花花纹。由于有平针线圈纵行间隔在提花线圈纵行之间,可以使花纹扩大而浮线缩短。平针线圈纵行与提花线圈纵行可呈1:2或1:3间隔排列,这种组织结构在单面提花组织中采用较多,尤其在袜子生产中。尽管这是一种缩短浮线的有效方法,但由于平针线圈纵行的存在,对花纹的整体外观产生影响,有时甚至破坏花纹的完整性,故在面料产品中一般不采用这种结构。

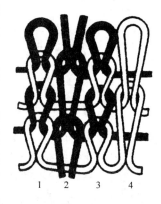

图5-2　两色不均匀单面提花组织

（二）双面提花组织

双面提花组织是在双面组织的基础上进行提花而成的组织,提花可在织物的一面形成,也可以在织物的两面形成。在生产实际中,大多采用一面提花,把提花的一面作为织物的正面,不提花的一面作为织物的反面。在这种情况下,正面花纹一般由选针机构根据花纹要求对下针筒的织针进行选针编织,形成花纹,反面则采用较为简单的组织。

双面提花组织根据反面组织的不同可分为完全提花组织与不完全提花组织。图5-3所示为两色完全提花组织。其正面由两色色纱根据花纹需要配置形成一个线圈横列,反面由一种色纱形成一个线圈横列。这种组织的反面有横条纹效应,反面线圈的纵向密度比正面线圈的纵向密度大一倍。若为三色完全提花组织,则正、反面线圈的纵向密度之比为1:3。采用的色纱愈多,反面与正面线圈纵向密度的差异就愈大,从而影响织物正面花纹的清晰及其牢度。

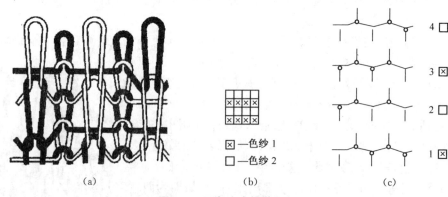

☒—色纱1	
□—色纱2	

（a）　　　　　　　　　（b）　　　　　　　　　（c）

图5-3　两色完全提花组织

图5-4所示为两色不完全提花组织,正面由两根色纱根据花纹需要配置形成一个提花线圈横列;反面由两根色纱形成一个线圈横列,且不同颜色的线圈各自按一隔一排列,即每一路中,上针一隔一地参加编织而形成织物的反面。这种两色不完全提花组织的正、反面线圈的纵向密度

之比为1：1，密度较为均匀。如果采用三色提花，正、反面线圈的纵向密度之比为2：3。

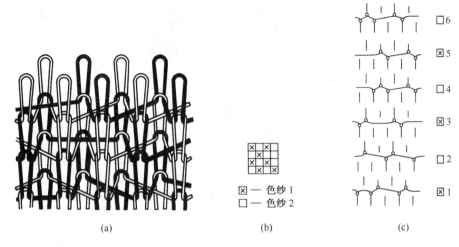

色纱1
色纱2

图5-4　两色不完全提花组织

由上述可知，在双面提花组织中，正、反面的纵向密度是随提花色纱数的不同而异的，并呈一定的比例。不完全提花组织由于反面线圈呈跳棋式配置，所以具有较大的纵向和横向密度，正、反面的纵向密度亦较均匀。由于反面包纱组织点分布均匀，透露在织物正面的色彩效应比较均匀，故无"露底"的感觉；所以，生产中反面一般采用呈跳棋式配置的不完全提花组织。

二、提花组织的特性与用途

（一）提花组织的特性

① 提花组织中由于浮线的存在，导致织物的横向延伸性减小；浮线越长，延伸性越小。具有拉长提花线圈的组织，其纵向延伸性也较小。

② 提花组织的一个横列由几根纱线编织而成，织物中的浮线较多，且浮线的存在使线圈纵行互相靠拢，使织物厚度增加、布面变窄，及单位面积质量增加。

③ 提花组织的线圈纵行和横列是由几根纱线形成的，当其中某根纱线断裂时，另外几根纱线将承担外力负荷，阻止线圈脱散，因而织物的脱散性较小。此外，纱线与纱线之间的接触面增加，也是织物脱散性减小的一个原因。

（二）提花组织的用途

提花组织可用于服装、装饰和产业用等领域。在使用提花组织时，主要应用其容易形成花纹图案和多种纱线交织的特点。提花组织织物可用于制作T恤衫、羊毛衫等外穿服装、沙发布等室内装饰、小汽车的座椅外套等。

三、提花组织的编织工艺

提花组织一般在采用舌针的提花针织机上进行编织，对每一编织系统来讲，舌针是否参加工作是由提花选针机构和编织三角决定的。

提花组织的形成过程可分为单面提花组织形成过程和双面提花组织形成过程两种。

（一）单面提花组织的编织

图 5-5 所示为单面提花组织的形成过程。图中(a)表示织针 1 和织针 3 受选针机构的控制而进入工作，沿提花三角上升，进行退圈，并垫上新纱线 I；织针 2 退出工作，旧线圈仍在针钩内。图中(b)表示新纱线编织成新线圈；织针 2 上的旧线圈仍在针钩内，由于牵拉力的作用而被拉长；旧线圈在针钩内，一直到下一路中织针 2 参加工作时才脱下；在织针 2 上，未垫上的新纱线呈浮线状，处在织针 2 上被拉长的提花线圈的后面。

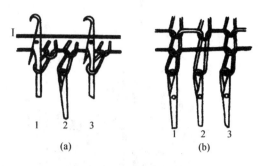

图 5-5　单面大圆机上编织提花组织

（二）双面提花组织的编织

图 5-6 所示为双面提花组织的形成过程。图中(a)表示按照花纹的需要，织针 2 和织针 6 被选针机构选上，上升到退圈高度，垫上纱线 I；织针 4 不被选上。图中(b)表示织针 2 和织针 6 编织提花线圈；织针 4 不动，不参加编织，新纱线以浮线处在织针 4 的后面。图中(c)表示织针 4 选针，编织提花；织针 2 和织针 6 不选针，不参加编织，纱线 II 以浮线处于其后面。

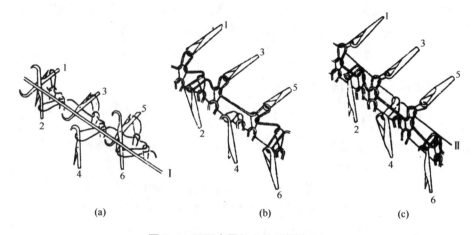

图 5-6　双面大圆机上编织提花组织

第二节　集圈组织与编织工艺

一、集圈组织的结构与分类

在针织物的某些线圈上，除套有一个封闭的旧线圈外，还有一个或几个未封闭的悬弧，这种组织称为集圈组织。集圈组织根据形成集圈的针数可分为单针集圈、双针集圈和三针集圈等；根据线圈不脱圈的次数，又可分为单列集圈、双列集圈和三列集圈等。集圈组织可以在单面组织的基础上编织，也可以双面组织的基础上编织。图 5-7 中，(a)为双针单列集圈，(b)为单针三列集圈。

（一）单面集圈组织

单面集圈组织是在平针组织的基础上进行集圈编织而形成的一种组织，织物表面可呈现花纹、色彩、网眼和凹凸效应等，如图5-7所示。

图5-8所示为采用单针单列集圈单元在平针线圈中有规律地排列而形成的一种斜纹效应。图中，(a)为线圈图，(b)为编织图，(c)为意匠图。如集圈单元采用单针双列集圈，效果更为明显。这些集圈单元如采用不规则的排列还可形成绉效应外观。另外，由于成圈和集圈的反光效果存在差异，针织物上还会产生

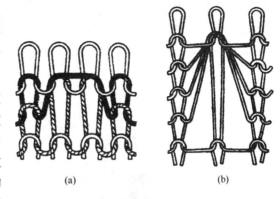

图5-7 单面集圈组织

一种阴影效应。集圈单元在针织物正面形成的线圈被拉长，而反面由于悬弧的线段较长，因此，无论在织物正面或反面，对光的反射均较亮，线圈较暗，从而形成阴影效应。

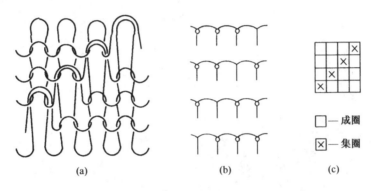

□—成圈

×—集圈

图5-8 具有斜纹效应的集圈组织

图5-9所示为采用单针双列和单针多列集圈所形成的凹凸小孔效应。从图中可以看出，集圈单元内的线圈随着悬弧数的增加，从相邻线圈上抽拉的纱线加长，但圈高不可能和具有悬弧的其他横列的高度一样，从而形成凹凸不平的表面。悬弧愈多，形成的小孔愈大，织物表面愈不平整，因此图中(b)的小孔和凹凸效应比(a)明显。

（二）双面集圈组织

双面集圈组织是在罗纹组织和双罗纹组织的基础上进行集圈编织而形成的。双面集圈组织的作用：一是形成花色效

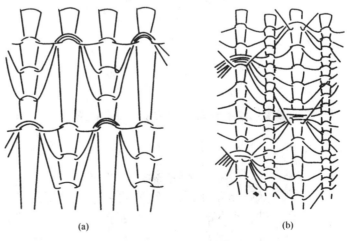

图5-9 具有凹凸小孔效应的集圈组织

应;二是在双层组织织物中,集圈还可以起到连接作用。在双面集圈组织中,最常见的有半畦编组织和畦编组织。

图5-10所示为半畦编组织。在编织第一横列时,全部织针参加编织,形成罗纹;编织第二横列时,针盘针进行集圈,针筒针正常编织。它的正面线圈纵行编织成圈,反面线圈纵行成圈和集圈交替编织。

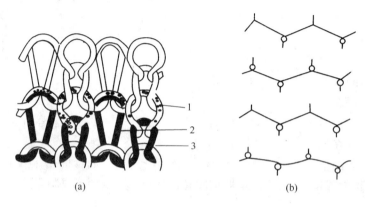

图 5-10　半畦编组织

图5-11所示为畦编组织。在编织第一横列时,针盘针进行集圈,针筒针正常编织;编织第二横列时,针筒针进行集圈,针盘针正常编织;……依此类推,它的正反面线圈纵行呈现交替集圈的相同外观结构。

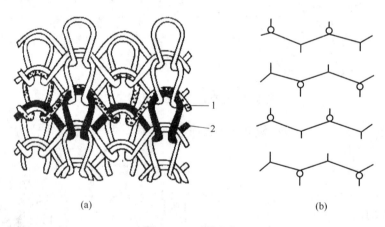

图 5-11　畦编组织

二、集圈组织的特点与用途

(一) 集圈组织的特性

① 集圈组织的织物与平针织物、罗纹织物相比,宽度增大,长度缩短。

② 由于悬弧与集圈线圈重叠地挂在线圈上,故织物的厚度大于平针组织和罗纹组织织物。

③ 脱散性较小。集圈组织中,与线圈串套的,除了集圈线圈之外,还有悬弧,即使断裂一个纱圈,也有其他线圈支持;而且逆编织方向脱散线圈时,会受到悬弧的挤压阻挡,不易脱散。

④ 集圈织物的横向延伸性较小,因为悬弧较接近伸直状态,横向拉伸织物时,纱线转移的量较小。

⑤ 集圈组织中的线圈大小不匀,表面高低不平,故织物强度较平针和罗纹组织低,而且容易产生勾丝或起毛。

（二）集圈组织的用途

集圈组织在羊毛衫、T恤衫及吸湿快干功能性服装等方面有广泛的应用。

三、集圈组织的编织工艺

集圈组织可在钩针针织机上编织,也可在舌针针织机上编织。

图 5-12 所示为在钩针针织机上编织集圈组织的形成过程。织针 2 在成圈过程中不进行压针闭口,因此旧线圈 C_2 进入针钩内与新线圈 H_2 处在一起,如图中（a）所示。在以后的编织过程中,织针 1 与织针 3 上的旧线圈 C_1 和 C_2 分别脱套在新线圈 H_1 和 H_3 上,如图中（b）所示。线圈 C_2 被拉长,所需的纱线从相邻线圈 C_1 和 C_3 中转移过来,与悬弧 H_2 形成集圈组织。这种组织的形成需要专门的花压板。

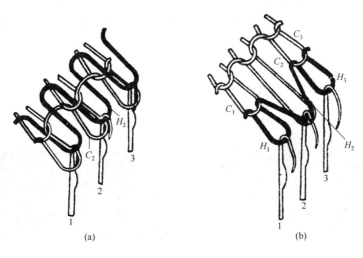

图 5-12 钩针上编织集圈组织

图 5-13 所示为在舌针针织机上编织集圈组织的成圈过程。织针 2 在退圈过程中,上升到能钩住新纱线的位置为止,旧线圈不进行退圈,仍留在针舌上,如图中（a）所示。在以后织针下降过程中,旧线圈又进入针钩内,形成集圈,如图中（b）所示。这种方法称为无退圈法,所形成的织物在羊毛衫生产中俗称胖花织物。当然,集圈组织也可用无脱圈（无弯纱）法形成。

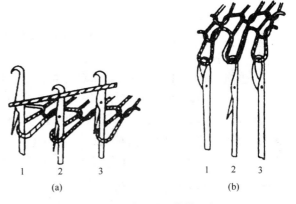

图 5-13 舌针上编织集圈组织

第三节　添纱组织与编织工艺

添纱组织是指构成针织物的全部线圈或部分线圈由两根纱线形成,且两根纱线在织物中的排列是有序的。

添纱组织可分为单色和花色两大类,它们都可在单面或双面地组织上形成。

一、添纱组织的结构与分类

在单色添纱组织中,面纱和地纱形成的线圈分别处于织物的正反两面,以改善针织物的服用性能。花色添纱组织可分为交换添纱组织、架空添纱组织和绣花添纱组织三类。在变换添纱组织中,所有线圈都由两根纱线组成,但面纱有时处于地纱之上,有时处于地纱之下,从而形成花纹。在架空添纱组织中,大部分线圈由两根纱线形成,而一部分线圈由一根纱线形成,另一根纱线以浮线状处于针织物的反面,这样由一根纱线形成的线圈花纹清晰;当两根纱线的粗细悬殊时,由细的纱线单独成圈的地方,外观上就呈现网孔效果。在绣花添纱组织中,基本上由地纱组成线圈,只在那些需要形成花纹的地方,由面纱与地纱共同形成线圈,从而得到绣花效果。

(一) 单色添纱组织

单色添纱组织的所有线圈都是由一根地纱和一根添纱(也称为面纱)形成的。其中,地纱经常处于线圈的反面,添纱经常处于线圈的正面。图 5-14 所示为单面单色添纱组织,图 5-15 所示为双面单色添纱组织。

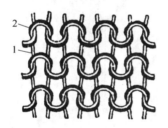

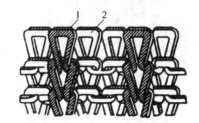

图 5-14　单面单色添纱组织　　　　图 5-15　双面单色添纱组织

从图 5-14 可以看出,1 为地纱,2 为添纱。地纱 1 处于圈柱的反面,被添纱 2 覆盖,添纱 2 处于圈柱的正面;在织物的反面,大部分为地纱色,只是添纱线圈的圈弧部分还不能完全被地纱遮盖。当使用不同颜色或不同性质的纱线作添纱和地纱时,可使织物的正反面具有不同的色泽及服用性能。例如,用棉纱作为地纱、合成纤维丝作为添纱编织单面添纱组织,可获得单面"丝盖棉"织物,可以充分发挥两种原料各自的特点,提高织物的服用性能。

图 5-15 所示的双面单色添纱组织,是以 1+2 罗纹组织为基本组织编织而成的。图中,1 为添纱,2 为地纱。可以看出,添纱 1 呈现在正面线圈纵行的表面,而地纱 2 呈现在反面线圈纵行的表面,这样,针织物的表面产生两种色彩或性质不同的纵向条纹。如果是 1+1 罗纹组织,由于反面线圈纵行被正面线圈纵行所遮盖,织物正反面均为添纱线圈。

(二) 花色添纱组织

花色添纱组织是指在地组织中,仅有部分线圈是由两根纱线形成的组织。

1. 架空添纱组织

架空添纱组织由两根纱线形成,地纱1在所有织针上编织成圈;添纱2只在某些织针上编织成圈,不成圈处,添纱呈延展线状处在织物反面。一般地纱用较细的纱线编织,添纱用较粗的纱线编织,所以在添纱不成圈处形成孔眼,如图5-16所示。将孔眼进行适当排列,便可显示出花纹效应。这种组织一般用于袜品生产;也可在纬编双面提花机上,利用这种原理生产出类似烂花效应的织物。

2. 绣花添纱组织

在绣花添纱组织中,地纱1始终参加成圈,添纱2则有规律地在少部分织针上成圈,且形成的线圈处于织物正面,显示出花色效应,如图5-17所示。

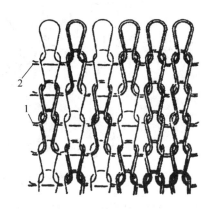

图5-16　架空添纱组织

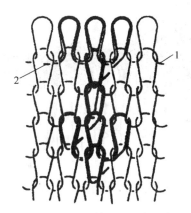

图5-17　绣花添纱组织

3. 交换添纱组织

交换添纱组织的所有线圈都由两根纱线形成,为了形成花纹,地纱和添纱可以交换位置。有时地纱位于织物的正面,有时添纱位于织物的正面,从而形成花色效应。这种组织的线圈结构没有任何改变,只是纱线交换位置、排序发生变化,如图5-18所示。

二、添纱组织的特点与用途

添纱组织的线圈几何特性,基本上与地组织相同,但由于采用两种不同的纱线进行编织,织物两面具有不同的色彩和服用性能;当采用两根不同捻向的纱线进行编织时,还可消除针织物线圈歪斜的现象。

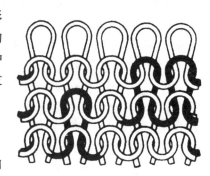

图5-18　交换添纱组织

部分添纱组织中有浮线存在,延伸性和脱散性较地组织小,但容易引起勾丝。以平针为地组织的添纱组织多用于功能性、舒适性要求较高的服装面料,如丝盖棉、导湿快干织物等。部分添纱组织多用于袜品生产。随着弹性织物的流行,添纱结构还广泛用于加有氨纶等弹性纱线的针织物的编织。

三、添纱组织的编织工艺

普通添纱组织是用地纱和添纱（面纱）一起编织而成的。编织的关键是在垫纱和成圈过程中应保证使添纱显露在织物正面,而地纱显露在织物反面。图5-19所示为舌针顺序运动时地纱和添纱的编织过程。地纱1的垫纱纵角与垫纱横角大于添纱2,在脱圈阶段,地纱1离针背较远,而添纱2离针背较近,使得地纱1形成的线圈3显露在织物反面,添纱2形成的线圈4显露在织物正面。

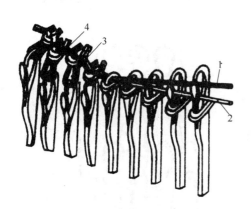

图5-19 舌针顺序运动时地纱和添纱的编织示意图

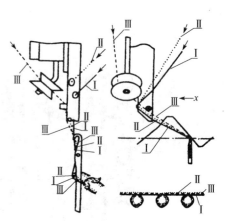

图5-20 添纱导纱器与纱线的垫入

在多三角机上编织添纱组织,需采用特殊设计的添纱导纱器。图5-20所示为用于编织添纱组织的三线添纱导纱器。地纱与添纱两个导纱孔的高低位置不同,形成两个不同的垫纱角,可分别将添纱Ⅰ垫入针钩中的较低位置,地纱Ⅱ垫入针钩中的较高位置。Ⅲ为弹性纱线（如锦纶纱等）,可以在编织弹性添纱织物时使用。在弹性纱线输入时必须使弹性纱线先经过导纱滚轮,以防止纱线与固定导纱点接触摩擦而造成纱线弹性伸长。编织普通的非弹性添纱织物时,不需要喂入弹性纱线Ⅲ。

在添纱组织的编织过程中,除了考虑垫纱角度外,还有许多因素可能会影响地纱和添纱线圈的有序配置,包括纱线本身的性质（如线密度、摩擦系数、刚度等）、线圈长度、给纱张力、牵拉张力、针和沉降片的形状等;因此,在实际生产过程中,需根据原料的性质和各种编织条件,选择合适的工艺参数,如喂纱张力和垫纱角等,以保证地纱、面纱线圈的有序配置。

第四节　衬垫组织与编织工艺

一、衬垫组织的结构与分类

衬垫组织是在地组织的基础上衬入一根或几根衬垫纱线,衬垫纱按照一定的比例在织物的某些线圈上形成不封闭的悬弧,在不形成悬弧的地方以浮线的形式处于织物反面的一种纬编花色组织。其基本结构单元为线圈、悬弧和浮线。衬垫组织可以平针、添纱、集圈、罗纹或双罗纹等组织为地组织,最常用的是平针组织和添纱组织。

（一）平针衬垫组织

平针衬垫组织以平针为地组织，又称为两线衬垫组织或二线绒，如图5-21所示。图中，1为地纱，编织平针组织；2为衬垫纱。衬垫纱按一定的比例在地组织的某些线圈上形成悬弧，在另一些线圈的后面形成浮线，它们都处于织物的反面；但在衬垫纱与平针线圈沉降弧的交叉处，衬垫纱显露在织物的正面，破坏了织物的外观，在衬垫纱较粗时更为明显，如图5-21（a）中的 A 和 B 处。由于衬垫纱不成圈，因此可以采用比地纱粗的纱线或各种不易成圈的花式纱线，以形成花纹效应。根据花纹要求，还可以在同一个横列同时衬入多根衬垫纱线，如图5-22所示。在该组织中，每一个横列同时衬入两根衬垫纱线，以提高花纹效应。

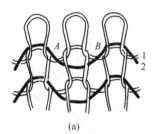
（a）

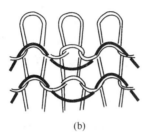
（b）

图5-21　平针衬垫组织结构

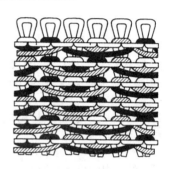

图5-22　每一横列衬入两根衬垫纱
　　　　　的平针衬垫组织

（二）添纱衬垫组织

添纱衬垫组织是以添纱组织为地组织形成的衬垫组织，是一种常用的衬垫组织，由面纱、地纱和衬垫纱构成，故通常称作三线衬垫或三线绒。添纱衬垫组织结构如图5-23所示，1为面纱，2为衬垫砂，3为地纱。面纱和地纱形成添纱组织；衬垫纱按一定的间隔在织物的某些线圈上形成不封闭的悬弧，在另一些线圈后面形成浮线。与平针衬垫组织不同的是，在衬垫纱与地组织线圈沉降弧的交界处，衬垫纱被夹在地组织线圈的地纱和面纱之间，

图5-23　添纱衬垫组织结构

既不显露在织物正面，又不易从织物中抽拉出来，从而改变了织物的外观。添纱衬垫组织的地组织由面纱和地纱组成，它们的相互位置与添纱组织一样，即面纱覆盖在地纱上，因此织物的正面外观取决于面纱的品质；但其使用寿命取决于地纱的强度，即使面纱被磨断，仍然有地纱锁住衬垫炒，使织物保持完整。

（三）衬垫纱的垫纱比

垫纱比是指衬垫纱在地组织上形成的不封闭圈弧与浮线之比，常用的有 1：1、1：2 和 1：3 等。目前生产中应用较多的为 1：2。

改变衬垫纱的垫纱顺序、垫纱根数或采用不同颜色的衬垫纱线，可形成不同的花纹效应。图5-24所示为几种不同的衬垫方式，其中：（a）的垫纱比为 1：1，可形成凹凸效应外观；（b）的垫纱比为 1：2，可形成斜纹外观；（c）的垫纱比同为 1：2，可形成纵向直条纹外观；（b）的垫纱

比为 1∶3,可形成方块形外观。

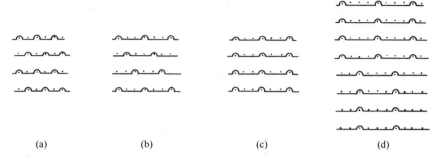

(a)　　　　　　(b)　　　　　　(c)　　　　　　(d)

图 5-24　几种衬垫方式

在上述花纹效应中,每种织物均采用一种垫纱比。如果花纹需要,也可以在同一织物中采用几种垫纱比,如图 5-25 所示。

二、衬垫组织的特点与用途

由于衬垫纱的作用,衬垫组织与它的地组织有着不同的特性。衬垫纱可用于拉绒起毛,形成绒类织物。起绒时,衬垫纱在拉毛机的作用下形成短绒,提高了织物的保暖性。为了便于起绒,衬垫纱可采用捻度较低但较粗的纱线。起绒织物表面平整,保暖性好,可用于保暖服装及运动衣。

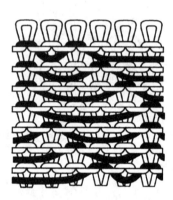

**图 5-25　同一织物采用几种
垫纱比**

衬垫纱还能形成花纹效应,可采用不同的衬垫方式和花式纱线,通常将有衬垫纱的一面作为服装的正面。

由于衬垫纱的存在,衬垫组织织物的横向延伸性小,尺寸稳定,多用于外穿服装、T 恤衫等。

三、衬垫组织的编织工艺

平针衬垫组织的编织工艺较简单,在普通的单面多针道针织机上就能编织;而添纱衬垫组织则需要专用的机器进行编织。在我国,以前添纱衬垫组织主要在台车上用钩针进行编织,现在大多采用三线绒舌针大圆机进行编织。

（一）在舌针机上编织添纱衬垫组织

由于添纱衬垫组织采用面纱、地纱和衬垫纱三根纱线进行编织,因此编织一个横列需要三路组织系统,如图 5-26 所示。其成圈机件包括织针 A、导纱器 B、沉降片 C,从左到右的各成圈系统分别垫入衬垫纱 D、面纱 E 和地纱 F。在衬垫纱喂入系统,织针按照垫纱比,由三角进行选针而形成悬弧或浮线,形成悬弧时织针沿图中实线 Ⅰ 所示的走针轨迹运行,形成浮线时织针沿图中虚线 Ⅱ 所示的走针轨迹运行。其成圈过程如图 5-27 所示。

1. 喂入衬垫纱

编织衬垫纱时,被选上形成悬弧的织针,根据垫纱比的要求上升到集圈高度,钩取衬垫纱 D,如图 5-27(a)所示。然后沉降片向针筒中心运动,使衬垫纱弯曲。这些织针继续上升,衬垫纱从针钩内移到针杆上,如图 5-27(b)所示。此时,这些织针的针头处于图 5-26 中 2 所示的

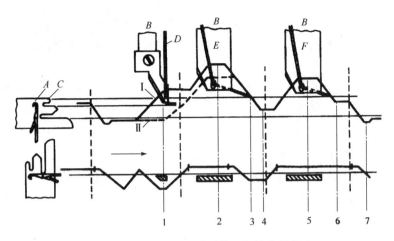

图 5-26 舌针编织添纱衬垫组织的走针轨迹

实线高度。其余织针在衬垫纱喂入系统不上升,此后在面纱喂入系统上升到图 5-26 中 2 所示的虚线高度。

2. 喂入面纱

两种高度的织针随针筒回转,在三角的作用下,到达图 5-26 中 3 所示的位置,喂入面纱 E,如图 5-27(c)所示。所有的织针继续下降至图 5-26 中 4 所示的位置,形成悬弧的织针上的衬垫纱 D 脱圈在面纱 E 上,如图 5-27(d)所示。此时,衬垫纱在沉降片的上片颚上。

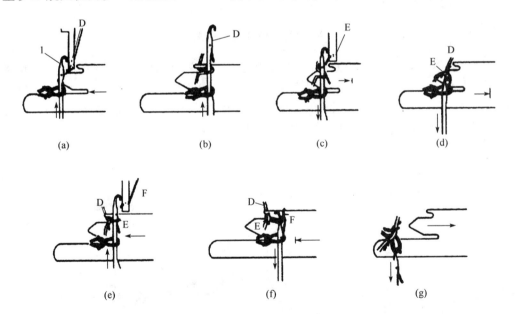

图 5-27 舌针编织添纱衬垫组织的编织过程

3. 喂入地纱

针筒继续回转,所有的织针上升至图 5-26 中 5 所示的位置,此时面纱形成的线圈仍然在针舌上,然后垫入地纱 F,如图 5-27(e)所示。随着针筒的回转,所有的织针下降至图 5-26 中 6 所示的位置,此时织针沉降片与三种纱线的相对关系如图 5-27(f)所示。当所有织针继续下降至图 5-26 中 7 所示的位置时,织针下降到最低点,针钩将面纱和地纱一起在沉降片的下片颚上穿过旧线圈,形成新线圈,这时衬垫纱被夹在面纱和地纱之间,一个横列编织完成,见图5-27(g)。

在成圈过程中,织针和沉降片分别按图 5-27 中的箭头方向运动。当织针再次从图 5-27(g)所示的位置上升时,沉降片重新向左运动,这时成圈过程又回到图 5-27(a)所示的位置,进行下一个横列的编织。

(二) 在钩针机上编织添纱衬垫组织

图 5-28 所示为台车编织添纱衬垫组织的成圈机件配置,包括退圈圆盘 1、喂纱轮 2、压线轮 3、第一弯纱轮 4、第一压针钢板 5、第一套圈轮 6、小退圈圆盘 7、第二弯纱轮 8、第二压针钢板 9、第二套圈轮 10 和成圈轮 11。

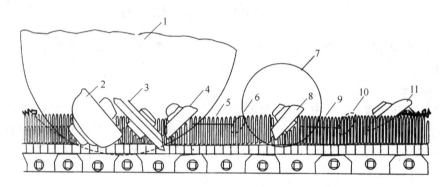

图 5-28 台车编织衬垫组织的成圈机件配置

其中喂纱轮的结构如图 5-29 所示。在喂纱轮 1 上安装有两种不同结构的钢片 2 和钢片 3。钢片 2 上有钢米 a,它插在钢片的凹口内。钢片 3 上的凹槽 b 握持由筒子上引出的衬垫纱,将其垫放在织针上。钢片 2 和钢片 3 在喂纱轮上按垫纱比排列,它们与织针一一啮合。与钢片 2 对应的织针形成悬弧,与钢片 3 对应的织针形成浮线。

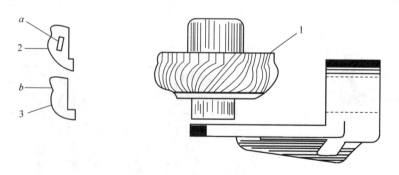

图 5-29 喂纱轮结构

钩针编织衬垫组织的成圈过程如图 5-30 所示。

1. 喂入衬垫纱

如图 5-30(a)所示,当旧线圈退圈后,垫入衬垫纱 I。衬垫纱 I 按照垫纱比,有选择地被垫放在针钩前和针背后。在台车上,由喂纱轮将衬垫纱垫入。当喂纱轮上装钢米的钢片与织针对应时,织针被钢米向后推,从而使纱线垫在针钩前面,如图中织针 2 所示。在喂纱轮上没有装钢米的钢片处,织针不被向里推,喂纱轮将纱线从针头上方垫到织针背后,如图中织针 1、织针 3 所示。

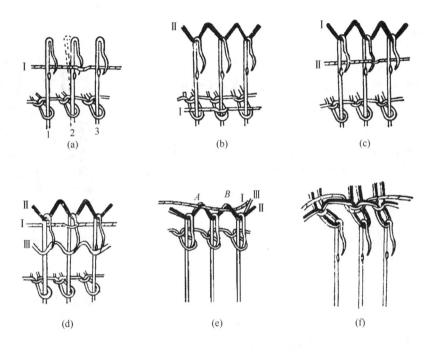

图 5-30　针钩编织添纱衬垫组织的成圈过程

2. 喂入地纱

在垫入地纱之前,先由压线轮将衬垫纱 I 压至织针的根部,再由第一弯纱轮将地纱 II 弯成线圈并带入针钩内,如图 5-30(b)所示。

3. 喂入面纱

由于衬垫纱应该夹在面纱和地纱之间,所以,在喂入面纱之前,在织针闭口的情况下,先由第一套圈轮将衬垫纱 I 连同旧线圈一起推向针钩进行套圈,随后再由小退圈圆盘将旧线圈压到针杆上,而将衬垫纱留在针钩上,如图 5-30(c)所示。随后由第二弯纱轮将面纱 III 垫到针杆上弯纱,并将其连同衬垫纱一起向上带,如图 5-30(d)所示。在弯纱轮的作用下,面纱 III 被带入针钩内,处于针头的位置,而衬垫纱则从针头上被脱下,如图 5-30(e)所示。

4. 成圈

此时,面纱的沉降弧部位在图 5-30(e)中点 A、点 B 处将衬垫纱遮住,使其不会显露在织物正面。同时,旧线圈在第二套圈轮的作用下,套在已经闭口的针钩上。随后成圈轮继续将旧线圈向上推,使其脱离针头,将地纱和面纱封闭形成添纱线圈;而衬垫纱则与旧线圈一起形成衬垫结构,在第二枚织针上形成悬弧,在其他两枚织针上形成浮线,如图 5-30(f)所示。

第五节　毛圈组织和长毛绒组织

一、毛圈组织

毛圈组织是由平针线圈和带有拉长沉降弧的毛圈线圈组合而成的，一般由两根纱线编织而成。一根纱线编织地组织线圈，另一根纱线编织带有拉长沉降弧的线圈，如图5-31所示。

毛圈组织可分为普通毛圈组织、花式毛圈组织，同时还有单面和双面毛圈组织之分。花式毛圈组织可分为浮雕花纹毛圈组织、两色提花毛圈组织、两种不同高度的毛圈组织，以及换线提花组织。

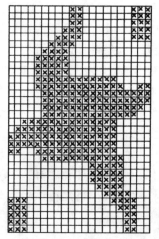

图5-31　普通毛圈组织

（一）普通毛圈组织

普通毛圈组织是指每一个毛圈线圈的沉降弧都被拉长，形成毛圈。

图5-31所示即为普通毛圈组织，地组织为平针组织。通常把每一路中每枚织针都将地纱和毛圈纱编织成圈，而且使毛圈线圈形成拉长沉降弧的结构称为满地毛圈组织。它能使织物得到最密的毛圈，毛圈通过剪毛可形成天鹅绒，是一种应用广泛的毛圈组织。而非满地毛圈组织中，并不是每一个毛圈线圈都有拉长的沉降弧。

一般，普通毛圈组织的地纱线圈显露在织物正面，并将毛圈纱线圈覆盖，可防止在穿着和使用过程中毛圈纱从正面被抽出，尤其适用于需对毛圈进行剪毛处理的天鹅绒织物。这种毛圈组织俗称"正包毛圈"。如果采用特殊的编织技术，也可使毛圈纱线圈显露在织物正面，将地纱线圈覆盖住，而织物反面仍是拉长沉降弧的毛圈，这种结构俗称"反包毛圈"。在后整理工序，可对"反包毛圈"正反两面的毛圈纱进行起绒处理，形成双面绒织物。

（二）花式毛圈组织

花式毛圈组织是指通过毛圈形成花纹图案和效应的毛圈组织，可分为提花毛圈组织、浮雕花纹毛圈组织和两种不同高度的毛圈组织等。

1. 提花毛圈组织

提花毛圈组织的每一个提花毛圈横列，除了有地纱外，还有两根或两根以上的毛圈色纱。它可以为满地或非满地毛圈结构。

2. 浮雕花纹毛圈组织

浮雕花纹毛圈组织是指利用毛圈在织物表面形成浮雕花纹效应的组织，为非满地毛圈结构。图5-32所示为浮雕花纹毛圈组织的意匠图，图中"×"表示毛圈线圈，"□"表示平针线圈。

⊠ —毛圈线圈
□ —平针线圈

图5-32　浮雕花纹毛圈组织

3. 两种不同高度的毛圈组织

这种毛圈组织形成毛圈花纹的原理与浮雕毛圈组织相似，所不同的是浮雕毛圈组织中平针线圈由较低的毛圈代替，从而形成两种不同高度的毛圈。它与普通毛圈组织相似，但具有高、低毛圈形成的花纹效应。

4. 双面毛圈组织

双面毛圈组织是指织物两面都形成毛圈的一种组织。如图 5-33 所示，该组织由三根纱线编织而成，纱线 1 编织地组织，纱线 2 形成正面毛圈，纱线 3 形成反面毛圈。

（三）毛圈组织的特点与用途

与机织毛圈织物相比，针织毛圈织物具有良好的延伸性。针织毛圈织物由于毛圈的存在，增加了织物的厚度，使得织物具有良好的吸湿性和保暖性。针织毛圈织物具有卷边性和脱散性。

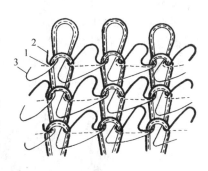

图 5-33 双面毛圈组织

毛圈织物在使用中，由于毛圈伸出织物表面，容易受到意外的抽拉，使毛圈纱产生滑移而破环织物的外观。因此，为了防止毛圈受意外抽拉而转移，可将织物编织得密一些，增加毛圈转移的阻力，并可使毛圈直立。毛圈组织是由两根纱线编织而成的，为了使毛圈纱与地纱具有良好的覆盖关系，毛圈组织的编织应遵循添纱组织的编织条件。

毛圈组织具有良好的保暖性与吸湿性，产品柔软、厚实，适宜制作内衣、外衣等。

（四）毛圈组织的编织方法

毛圈组织可以在钩针针织机和舌针针织机上编织。图 5-34 (a)所示为舌针针织机上形成毛圈组织的过程。舌针 2 在成圈过程中，形成两个不同大小的线圈 I 与线圈 II。这两个线圈分别由沉降片 1 的片鼻 3 与片鼻 4 进行握持，弯纱成圈。由片鼻 3 形成的线圈 II 为毛圈线圈，由片鼻 4 形成的线圈 I 为平针线圈。

图 5-34(b)所示为钩针针织机上形成毛圈组织的过程。其沉降片 1 比较特殊，具有两个片喉 3 和 4。当两种纱线分别喂入片喉 3 和片喉 4 时，在钩针上形成毛圈线圈 II 和平针线圈 I。毛圈线圈接近针头，在以后的成圈过程中，毛圈处在织物的反面。

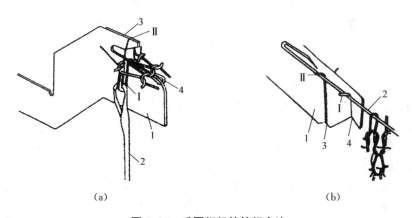

(a)　　　　　　　　　　　　　(b)

图 5-34 毛圈组织的编织方法

二、长毛绒组织

（一）长毛绒组织的结构

在编织过程中，用纤维条和地纱一起喂入编织成圈，纤维条以绒毛状附在织物表面，称为长毛绒组织。长毛绒组织一般在纬平针组织的基础上形成，如图5-35所示。长毛绒组织可分为普通长毛绒组织和花色长毛绒组织。图5-35所示为普通长毛绒组织，纤维束在每个地组织线圈上成圈。花色长毛绒组织是按照花型需要，在有花纹的地方，纤维束与地组织一起成圈；在没有花纹的地方，仅地纱编织成圈。图5-36所示为在一隔一织针上编织的花色长毛绒组织，可增加织物在横列方向的稳定性。

图5-35　长毛绒组织的结构

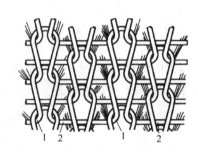
图5-36　一隔一选针编织的长毛绒组织

（二）长毛绒组织的编织

长毛绒组织有两种编织方法：一种是在针织毛皮机上编织；另一种是在双针筒圆机上编织，其编织原理与毛圈组织相似，将形成的毛圈割断即可。这里以前一种编织方法为例进行说明。针织毛皮机的针筒四周，对应于每一个成圈系统，都有一个喂毛梳理机构，如图5-37所示，通过断条自停装置、导条器，被一对罗拉2和3所夹持，进入道夫4的表面；道夫4的表面覆盖着金属针布，其线速度略大于罗拉表面线速度，这样纤维束从罗拉转移到针布时可进行一定的分梳、牵伸，将纤维束梳长、拉细；呈游离状的纤维束5处于金属针布的针齿尖上，最后喂入针钩6内，由针钩抓取的纤维束和地纱一起编织成圈。

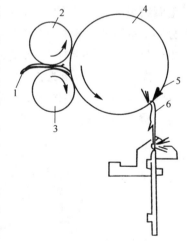
图5-37　针织毛皮机的喂毛梳理机构

长毛绒组织的编织过程如图5-38所示。当织针进入道夫的回转区时，针钩与道夫表面呈螺旋线配置的金属针布做相对运动，针钩进入金属针布的针齿间时，两者的速度配合要求准确，防止针钩与金属针布碰撞而使织针受到损坏。当道夫金属针布表面的纤维网转移给织针时，喂入针钩的纤维束呈蓬乱状态。为了使纤维束正确地贴附在针钩上，在喂毛梳理机构旁装有吸风装置B，利用气流将纤维束吸向针钩，如图中所示织针1、2和3，以保证纤维束良好地参加成圈，同时把浮毛和短绒吸走。当织针5、6和7下降时，从导纱器中得到地纱，与纤维束一起编织成圈,纤维的端部以绒毛状留在织物反面。

编织花纹时,可由机械式或电子式选针装置控制进行选针。采用电子式选针装置,能编织出阔幅花纹,甚至全幅花纹的长毛绒组织,其花纹尺寸大于机械式选针装置,选针及更换花型时更方便、省时、省工。

（三）长毛绒组织的特性与用途

长毛绒组织可以利用各种不同性质的合成纤维进行编织,由于喂入纤维的长短与粗细有差异,使纤维留在织物表面的长度不一,因此可以制成毛干和绒毛两层,毛干留在织物表面,绒毛处于毛干层的下面紧贴针织物,这种结构因接近于天然毛皮而有"人造毛皮"之称。长毛绒织物手感柔软,保暖性和耐磨性好,可仿制各种天然毛皮,单位面积质量小于天然毛皮,而且不会虫蛀,在服装、毛绒玩具、拖鞋、装饰织物等方面有许多应用。

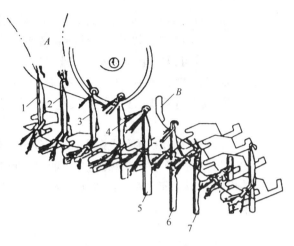

图 5-38　长毛绒组织的编织过程

第六节　调线组织与编织工艺

一、调线组织的结构

调线组织是在编织过程中轮流改变喂入的纱线,用不同种类的纱线组成各个线圈横列的一种纬编花色组织,又称为横向连接组织。图 5-39 所示为三种纱线轮流喂入进行编织而得到的以平针组织为基础的调线组织。调线组织织物的外观效应取决于所选用的纱线的特征。例如:最常用的是不同颜色的纱线轮流喂入,可得到彩色横条纹织物;还可以用不同细度的纱线轮流喂入,得到凹凸条纹织物;用不同纤维的纱线轮流喂入,得到不同反光效应的条纹;等等。

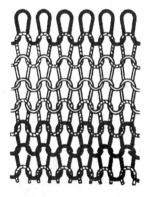

二、调线组织的特性与用途

与基础组织相同,线圈结构不产生任何变化,其性质与所采用的基础组织相同,主要用于 T 恤衫、运动衣、休闲服等。

图 5-39　调线组织

三、调线组织的编织工艺

调线组织可以在普通圆纬机和调线圆纬机上编织。

在普通圆纬机上,只要按一定的规律,在各个成圈系统的导纱器中穿入多种色纱,就可编织出具有彩色横条外观的调线织物。但由于普通圆纬机的各个成圈系统只有一个导纱器,一般只能穿一根色纱,成圈系统数量也有限,所以织物中一个彩色横条相间的循环单元的横列数不可能很多。例如,对于成圈系统数达150路的圆纬机来说,所能编织的彩色横条循环单元最多不超过150个横列。如果每一成圈系统装有多个导纱器,每个导纱器穿一种色纱,编织每一横列时,各系统可根据花型要求选用其中某一个导纱器,则可扩大彩色横条循环单元的横列数。目前编织调线织物的圆纬机上,每一成圈系统一般有几根可供调换的导纱指,每根导纱指可穿不同色泽的纱线进行编织;常用的是四色调线装置,即每一成圈系统有四根可供调换的导纱指过程。

下面以普通圆纬机为例,说明调线组织的编织过程;

如图5-40(a)所示,导纱机件2与剪刀4和夹线器5的导纱指3处于基本位置。纱线Ⅰ穿过导纱机件2、导纱指3和导纱器1垫入针钩。此时,导纱机件2处于较高位置,剪刀4和夹线器5张开。

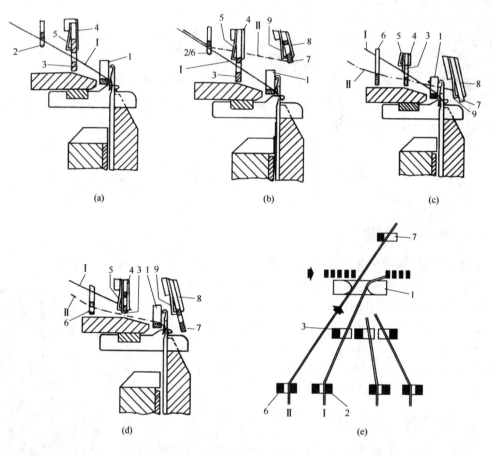

图5-40 调线组织编织过程

如图5-40(b)所示,另一导纱指7带着夹线器9、剪刀8和纱线Ⅱ摆向针背。

如图5-40(c)所示,带着夹线器9、剪刀8和纱线Ⅱ的导纱指7与导纱机件6一起向下运动,进入垫纱位置。纱线Ⅱ进入6～10 mm宽的不插针区域,为垫纱做准备。图5-40(e)所示为局部区域俯视图。

如图5-40(d)所示,当纱线Ⅱ在调线位置被可靠地编织2～3针后,夹线器9和剪刀8张开,放松纱端。在基本位置的导纱指3上的夹线器5和剪刀4关闭,握持纱线Ⅰ,并将其剪断。

第七节　绕经组织与编织工艺

一、绕经组织的结构

绕经组织是在某些纬编单面组织的基础上,引入绕经纱的一种花色组织,所形成的织物俗称吊线织物。绕经纱显露在织物正面,在反面则形成浮线。图5-41所示为在平针组织的基础上形成的绕经组织,绕经纱2所形成的线圈显露在织物正面,反面则形成浮线。图中,Ⅰ和Ⅱ分别为绕经区和地纱区。地纱1编织一个完整的线圈横列后,绕经纱2在绕经区被选中的织针上编织成圈,同时地纱3在地纱区的织针上,以及绕经区中没有垫入绕经纱的织针上编织成圈,绕经纱2和地纱3的线圈组成另一个完整的线圈横列。如此循环,便形成绕经组织。

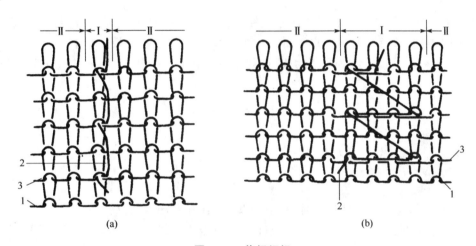

图5-41　绕经组织

二、绕经组织的特性与用途

绕经组织织物的纵向弹性和延伸性有所下降,纵向尺寸稳定性提高。一般的纬编组织难以产生纵条纹效应,利用绕经结构,可以方便地形成色彩和凹凸的纵条纹,再与其他花色组织结合,可形成方格等效应。绕经组织织物除了用作T恤衫、休闲服等面料外,还可生产装饰用品。

三、绕经组织的编织工艺

编织绕经组织的圆纬机的下三角各成圈系统相同,三个系统为一组(一个循环),分为地纱系统、绕经纱系统和辅助系统,分别编织如图5-41所示的地纱2、绕经纱1和地纱3。地纱和辅助系统均采用普通导纱器,绕经纱导纱装置(俗称吊线装置)随针筒同步回转,并配置在绕经区附近,将纵向喂入的花色经纱垫绕在选中的织针上,如图5-42所示。

图 5-42　经纱的垫绕

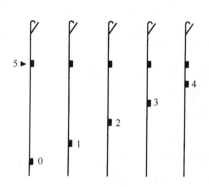

图 5-43　织针的构型

针筒上织针的排列分为地组织区和绕经区。每一成圈系统有五档可变换的三角,以控制五种不同踵位的织针(0～4),即五针道。如图 5-43 所示,每一枚织针有一个压针踵 5、一个起针踵(0～4)。图 5-44 所示为织针排列的一个示例,其中数字 0～4 代表不同踵位的织针。

$$0\ 0\ 0\ 0\ 0\ 0\ 0\ 0\ 0\ 0\ 0\ 0\ 1\ 2\ 3\ 4\ 1\ 2\ 3\ 4\ 1\ 2\ 3\ 4$$

图 5-44　织针的排列

图 5-45 所示为某一循环三个成圈系统(即 A、B 和 C)的走针轨迹。由图可见:在地纱系统 A,0～4 号织针垫入地纱成圈;在绕经系统 B,0 号织针垫入绕经纱成圈,1～4 号织针垫入地纱成圈。这样,经过三个系统的一个循环,编织成两个横列。如绕经纱采用与地纱不同的颜色,则可以形成彩色纵条纹。除此之外,也可根据结构和花型的要求,按一定规律配置变换三角,使 0～4 号织针在三个系统中进行成圈、集圈或不编织。

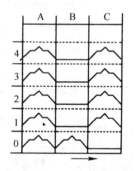

图 5-45　一组成圈系统
的走针轨迹

绕经组织的每一花型宽度包括绕经区和地纱区。绕经区取决于一个绕经导纱器所能垫纱的最大针数。地纱区由两个绕经导纱器或两个绕经区之间的针数决定。两个区域的总针数不变,如果绕经区域针数减少,则地纱区针数相应增加。例如,对于 28 号圆机来说,花宽为 24 针,其中绕经纱的垫纱最大宽度为 12 针。

绕经装置既可以安装在多针道变换三角圆纬机上单独使用,还能与四色调线装置、拨片式等选针机构相结合,生产出花型多样的织物。

第八节 移圈组织与编织工艺

一、移圈组织的结构与分类

通过转移线圈部段形成的织物叫作移圈织物,主要分为两类:一为纱罗组织,通过转移线圈针编弧完成移圈组织;二为菠萝组织,通过转移线圈沉降弧完成移圈组织。

（一）纱罗组织

纱罗组织是在纬编基本组织的基础上,按照花纹要求,将某些线圈进行移圈而形成的。移圈时,线圈可向左移也可向右移,还可以相互移圈,可形成孔眼效应、扭曲效应和凹凸效应等。这种组织在针织成型产品中有较广泛的应用。纱罗组织可分为单面纱罗组织和双面纱罗组织。单面纱罗组织如图 5-46 所示,双面纱罗组织如图 5-47 所示。

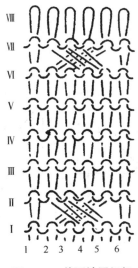

图 5-46 单面纱罗组织

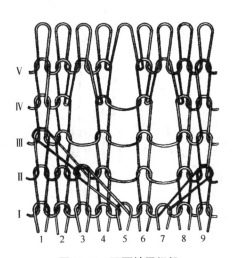

图 5-47 双面纱罗组织

（二）菠萝组织

新线圈穿过旧线圈的沉降弧部段的纬编组织,称为菠萝组织,如图 5-48 所示。菠萝组织可以在双面或单面组织上形成凹凸花纹,织物具有孔眼状效应,透气性较好,多用于夏季衣衫产品。在编织菠萝组织时,沉降弧的转移需由专门的钩子针完成。菠萝组织在编织成圈时,沉降弧呈拉紧状,当织物受到拉伸时,导致线圈受力不均匀,张力集中在张紧的线圈上,纱线很容易被拉断而产生破洞,因此菠萝组织织物的强度较低。

图 5-48 菠萝组织

二、移圈组织的特性与用途

移圈组织可以形成孔眼、凹凸、纵行扭曲等效应,如将这些结构按照一定的规律分布在针织物表面,则可形成所需的花纹图案。移圈织物的透气性一般较好。

纱罗组织的线圈结构,除移圈处的线圈圈干有倾斜和两线圈合并处针编弧有重叠外,一般与其基础组织无多大差异,因此纱罗组织的性质与基础组织相近。纱罗组织的移圈原理可以用来编织成型针织物,改变针织物组织结构,以及使织物由单面编织改为双面编织或由双面编织改为单面编织。

移圈织物以纱罗组织占大多数,主要用于生产毛衫、妇女时尚内衣等产品。

三、移圈组织的编织工艺

由于菠萝组织的应用不多,人们习惯上把纱罗组织称为移圈组织。纱罗组织的编织工艺如下:

纱罗组织既可以在圆机上编织,也可以在横机上编织。在圆机上编织纱罗组织时,一般是将下针1的线圈4转移到上针3上(图5-49),下针1上的针编弧5被转移到上针3上。为了完成转移,下针1先上升到高于退圈位置,受连在下针1上的弹性扩圈片2的作用,针编弧5被扩张,并被上抬至高于上针3;接着上针3径向外移,穿过针编弧5;最后下针1下降,将针编弧5留在上针3上。

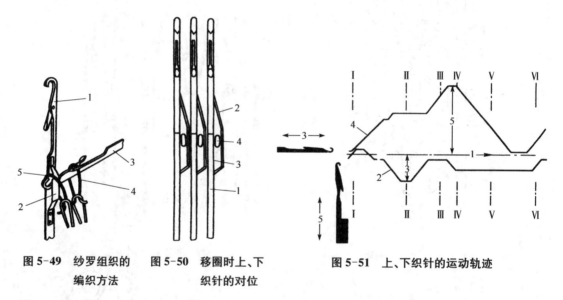

图5-49 纱罗组织的　　图5-50 移圈时上、下　　图5-51 上、下织针的运动轨迹
　　　　编织方法　　　　　　　　织针的对位

编织所用的机器一般为移圈罗纹机。针盘与针筒三角均有成圈系统和移圈系统,且每三路有一个移圈系统。上针与下针之间的隔距,应在原罗纹对位的基础上,重调到移圈对位,如图5-50所示。这意味着上针4必须能从下针针杆1与弹性扩圈片2之间的空隙3中穿过,不能碰到两边。

上、下针弯纱的对位配合可根据原料、织物结构、外观和重量等调整到同步成圈或滞后成圈。由于罗纹织物主要以滞后成圈方式生产,所以下面介绍在滞后成圈条件下的移圈编织过程:

图5-51表示移圈系统上、下针的运动轨迹及对位配合。图中1表示针筒转向,2和4分别为上、下针的走针轨迹,3和5分别是上、下针的运动方向。移圈过程可根据图5-51和5-52分析如下:

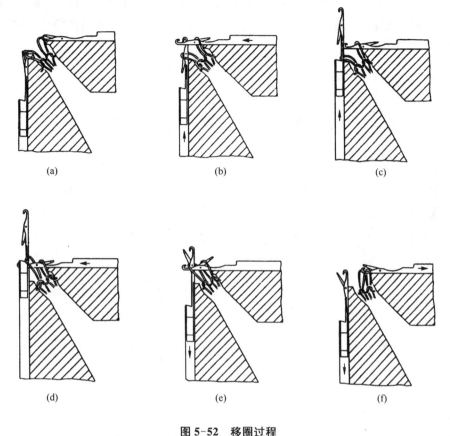

图 5-52 移圈过程

位置Ⅰ：上、下针处于起始位置。

位置Ⅱ：上针向外移动一段距离，旧线圈将上针舌打开，但不完全退圈。下针也上升一些，开始退圈。

位置Ⅲ：下针继续上升，完成退圈，并开始扩圈；上针略向内移，处于握持状态。此时，上针头与下针针背平齐，可阻挡下针上的旧线圈随针上升，有利于下针的退圈。

位置Ⅳ：下针上升，利用扩圈片上的台阶将扩展的线圈上抬到高于上针位置；上针向外移动，针头穿入扩展的线圈中。

位置Ⅴ：下针下降，针舌关闭。其上的线圈不再受下针约束，上针接受该线圈。

位置Ⅵ：上针向针筒中心移动，带着转移过来的线圈回到起始位置；下针上升一些，为下一成圈系统退圈做准备。

第九节 复合组织与编织工艺

复合组织是由两种或两种以上的组织复合而成的，可改善织物的外观和性能。复合组织有单面和双面之分。利用多种组织的复合，可使织物产生横向凸纹、折皱、孔眼、凹凸花纹等效应，或使织物两面具有不同性能和外观，或两色花纹等效应。

复合组织一般采用平针、罗纹、集圈、浮线和衬纬等组织的复合,也有采用纱罗组织和波纹组织与上述组织复合的。这些组织一般用于羊毛衫生产。现介绍实际生产中应用较多的复合组织。

一、集圈-平针复合组织

集圈、平针组织复合,织物两面具有不同品种的纱线形成的不同风格。由于这种织物的一面通常由涤纶低弹丝或锦纶弹力丝或腈纶纱形成,另一面由棉纱形成,习惯上称这种织物为涤盖棉织物。

涤盖棉织物的编织如图 5-53 所示。图 5-53(a)所示为四路一个循环,第 1 路和第 3 路由涤纶丝编织集圈线圈,第 2 路和第 4 路由棉纱编织平针线圈。平针与集圈组合的方法较多,编织出的织物风格亦不同。图 5-53(a)所示编织的织物风格较好,一般采用此组织。织物内两种纱线的含量随使用纱线细度不同而有所差异。

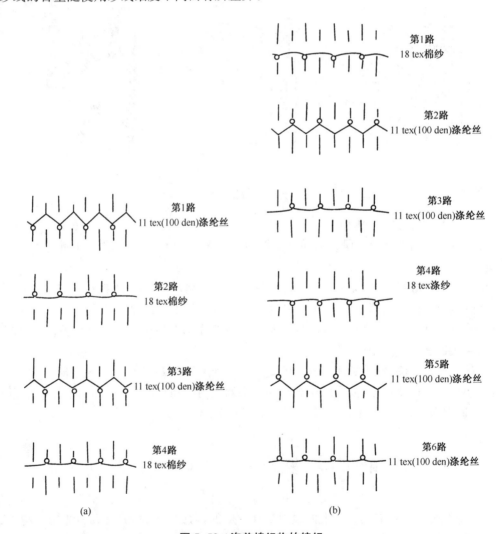

图 5-53 涤盖棉织物的编织

图 5-53(b)所示为六路一个循环的涤盖棉织物。第 1 路和第 4 路由棉纱编织平针线圈，第 2、3、5、6 路由涤纶低弹丝编织平针和集圈线圈。采用这种组合方法编织的织物，涤纶的覆盖性能较好。

涤盖棉织物除上述两种外，还有具有花纹效应的提花涤盖棉织物、仿毛涤盖棉织物和粗细条涤盖棉织物。

提花涤盖棉织物，仅在双面提花圆机上生产，由提花装置根据花纹需要进行选针。涤纶丝选用两种色丝或不同粗细的丝，在织物表面形成花纹；棉纱仍然编织平针线圈，形成反面。

仿毛或粗细条涤盖棉织物均选用不同机号的针盘与针筒，及不同密度的纱线编织而成的。其编织图如图 5-54 所示。图中(a)所示针盘与针筒机号之比为 4∶1，针盘上每 2.54 cm 的针数为针筒针数的 4 倍，针筒上使用的织针较粗，可选用较粗的纱线编织；这种组织有利于特种纱线的编织，可编织出仿毛等织物。图中(b)所示针盘与针筒机号之比为 2∶1，针筒机号较低，可用较粗纱线编织；采用这种方法编织的织物，条纹粗、立体感强、表面粗犷、风格特殊，是较为流行的一种产品。

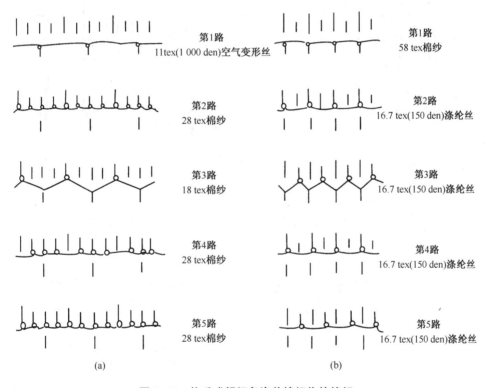

图 5-54 仿毛或粗细条涤盖棉织物的编织

二、罗纹复合组织

罗纹复合组织由正、反面线圈纵行根据花纹的需要进行排列而形成，正、反面线圈纵行排列不同，将组成不同风格的织物。

（一）双面乔其纱

图 5-55 所示组织所形成的织物有皱纹外观效应。图 5-55(a)所示为意匠图，其中每一横

列为一个线圈横列,由一路纱线编织而成;每一纵行表示一个正面线圈纵行。图 5-55 中(b)和(c)所示分别为线圈结构图和编织图,可看出为罗纹排针,反面线圈由上针高、低踵织针相间编织而成,正面线圈根据图 5-55(a)所示意匠图编织而成。这种罗纹复合组织与双面提花组织类似,但又有区别。双面提花组织的每一个花纹横列是由两根或两根以上的不同纱线编织的;而罗纹复合组织则是由一些下针连续几次不编织,另一些下针则连续多次编织而成的。因此,织物上线圈的线圈指数不同,线圈指数大的形成大线圈,浮在织物表面;线圈指数小的线圈则呈凹陷状。由于大线圈在织物表面分布不规则,故在织物表面形成不同层次的皱纹,使织物具有很强的立体皱纹效应,故有双面乔其纱之称。

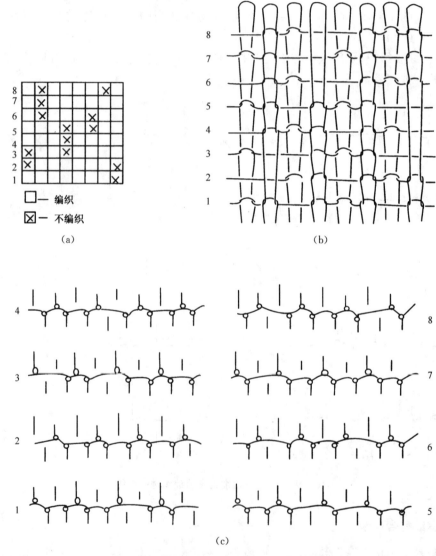

图 5-55　具有皱纹外观效应的罗纹复合组织

(二) 具有发光线圈效应的罗纹复合组织

图 5-56 所示为另一种风格的罗纹复合组织。图 5-56(a)和(b)所示为编织图,可看出,

上、下针为棉毛对针,每两路编织一个横列。图5-56(c)所示为意匠图,凡意匠图上有"×"符号的均不编织,形成的线圈大、反光好;有"□"符号的隔针参加编织,形成的线圈小、反光弱。最终织物表面形成发光的线圈纵行。

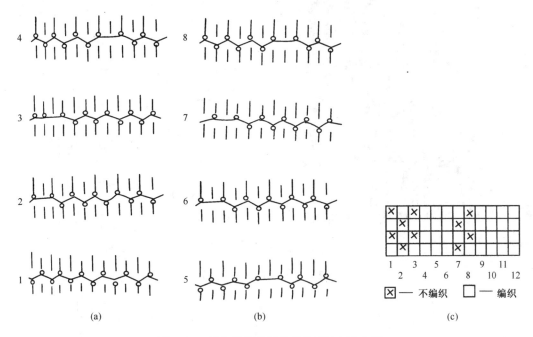

图5-56　具有发光线圈效应的罗纹复合组织

（三）胖花组织

将平针线圈配置在罗纹组织内,可形成具有凹凸花纹效应的织物。花纹凸出部分由平针线圈形成,凹进部分由罗纹的正面线圈形成,这种组织习惯上叫作胖花组织。胖花组织可分为单胖和双胖组织,还可分为单色、两色和三色胖花组织。图5-57和图5-58所示组织分别为两色单胖和两色双胖组织。

1. 单胖组织

单胖组织是在一横列中,仅有一次平针线圈的编织。图5-57所示为两色单胖组织。从图中可看出,平针与罗纹组织分别由两种不同的色线编织。图中(a)所示为单胖组织的线圈图,(b)所示为编织图和意匠图。每两路编织一个横列,一个完全组织为4个横列、4个纵行。1、3、5、7路编织罗纹地组织,由一种纱线编织;2、4、6、8路编织平针胖花线圈,由另一种纱线编织。由于胖花线圈仅编织一次,线圈凸出不够明显;如要花纹凸出明显,可采用双胖组织。

2. 双胖组织

双胖组织是在一横列中,有连续两次的平针线圈编织。图5-58所示为两色双胖组织;其中,(a)所示为双胖组织的线圈图,(b)为编织图和意匠图。

与单胖组织相比,双胖组织的每一横列中平针线圈比单胖组织多编织一次,因此,双胖组织的凸纹效应、立体感比单胖组织明显。双胖组织的克重、厚度均高于单胖组织。

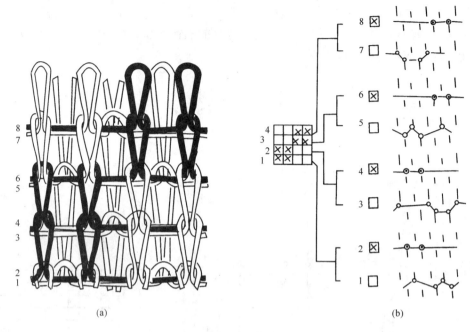

图 5-57 两色单胖组织

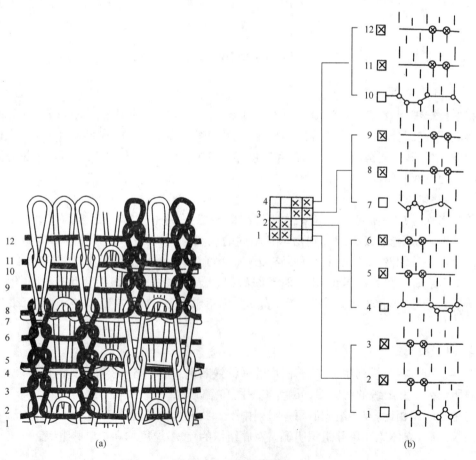

图 5-58 两色双胖组织

（四）点纹组织

点纹组织由不完全罗纹组织与单面变化平针组织复合而成，一个完全组织由四个成圈系统编织而成，由于成圈顺序不同，产生了不同结构的瑞士式点纹和法式点纹组织。

1. 瑞士式点纹组织

图 5-59 为瑞士式点纹组织的线圈结构图和编织图。从图中可以看出，第 1 个成圈系统，上针高踵针与全部下针编织一行不完全罗纹；第 2 个成圈系统，上针高踵针编织一行变化平针；第 3 个成圈系统，上针低踵针与全部下针编织又一行不完全罗纹；第 4 个成圈系统，上针低踵针编织又一行变化平针。每枚织针在一个完全组织中成圈两次，形成两个横列。

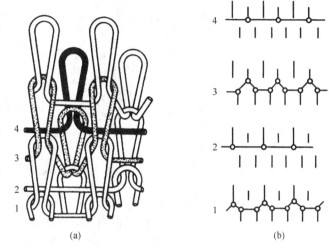

(a)　　　　　　　(b)

图 5-59　瑞士式点纹组织

瑞士式点纹组织结构紧密，尺寸稳定性增加，横密大，纵密小，延伸性小，表面平整。

2. 法式点纹组织

图 5-60 所示为法式点纹组织的线圈结构图和编织图。虽然也是由两个成圈系统编织单面变化平针，另外两个成圈系统编织不完全罗纹，但在各个成圈系统的成圈顺序上与瑞士式点纹组织不同。从图中可以看出，第 1 个成圈系统，上针低踵针与全部下针编织一行不完全罗纹；第 2 个成圈系统，上针高踵针编织一行变化平针；第 3 个成圈系统，上针高踵针与全部下针编织又一行不完全罗纹；第 4 个成圈系统，上针低踵针编织又一行变化平针。

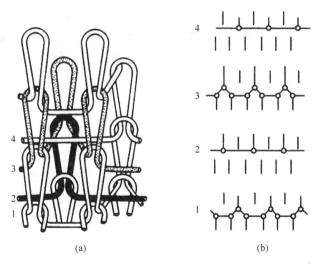

(a)　　　　　　　(b)

图 5-60　法式点纹组织

法式点纹组织纵密增大，横密减小，使织物纹路清晰、幅宽增大、表面丰满。点纹组织可用来生产 T 恤衫、休闲服等产品。

（五）米拉诺罗纹组织

罗纹空气层组织又称为米拉诺罗纹组织，是由罗纹组织和平针组织复合而成的，如图 5-61 所示。这种组织由三路编织一个完全组织循环：第 1 路编织 1＋1 罗纹组织；第 2 路，上针退出工作，下针全部参加工作，编织一个正面平针组织横列；第 3 路，下针退出工作，上针全部参加工作,编织一个反面平针组织横列。三路一个循环,在织物上形成两个线圈横列,其线圈结构和编织图分别如图 5-61 中(a)和(b)所示。

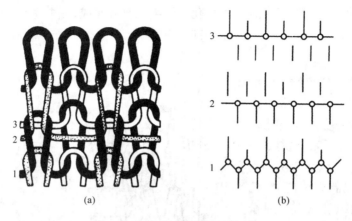

图 5-61 罗纹空气组织

从图 5-61 可看出,正、反面两个平针组织横列之间没有联系,在织物上形成双层袋形编织,即空气层结构,并且有突出在织物表面的倾向,带有横棱效应。而平针组织的沉降弧以浮线形式跨过一个纵行,以浮线形式出现的沉降弧受到相邻两线圈弯纱成圈时的抽拉作用,力图收缩回复,使相邻的平针线圈相互靠拢;1+1 罗纹组织也有使同一面的相邻线圈相互靠拢的特性;因此,这种组织的反面线圈不会显露在织物表面,正反面的外观相同。另外,从编织图分析可知,第 2 路平针线圈的线圈指数比第 3 路平针线圈大,因此,第 2 路在正面形成的平针线圈的长度大于第 3 路形成的反面平针线圈;这样,织物正面形成的外观效应更为明显。

第六章 选针机构与原理

第一节 分针三角选针原理

分针三角的选针是利用针踵的长短、位置的高低和三角的厚薄及其运动与否来进行选针的。如图6-1所示,舌针分为短踵针1、中踵针2和长踵针3。起针三角不等厚,而是呈三段厚度不同的阶梯状。区段4最厚,位于起针三角的下部,可作用于三种不同踵高的织针上,使三种织针处于不退圈高度。随着针筒的回转,中踵针2和长踵针3走到位于起针三角中部中等厚度的区段5,短踵针1此时只能从区段5的内表面水平经过而不再上升,仍处于不退圈位置。当中踵针和长踵针到达区段5的结束点(集圈高度)时,长踵针3继续沿着位于起针三角上部的,最薄区段6上升,直到退圈高度。此时的中踵针2只能从区段6的内表面水平经过而不再上升,仍处于集圈高度。这样,三种织针被分成三条不同的走针轨迹,如图6-2所示,短踵针1织浮线,中踵针2织集圈,长踵针3织线圈,实现了分针编织的目的。

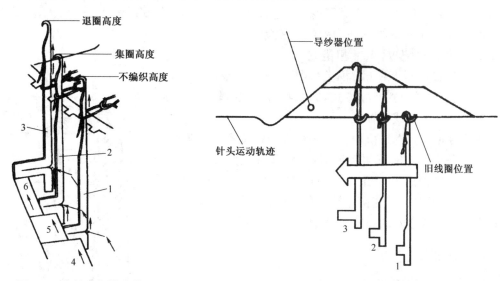

图6-1 分针三角的选针原理　　　　图6-2 分针三角选针的走针轨迹

分针三角选针方式使选针灵活性受到限制,在三角设计完成后,三种织针的编织情况就不能再变,否则就要重新设计三角。再者,在这种选针方式中,各种织针的针踵受力情况不同,不利于机器速度提高。此种方式圆机上较少使用,主要应用于圆袜机和横机。

第二节　多针道变换三角选针原理

一、选针机构的类型

选针机构的种类很多,根据对织针的控制形式,可分为直接式选针、间接式选针和电子选针。直接式选针是通过选针机件直接作用于针踵进行选针,如分针三角、多针道变换三角和提花轮选针等。间接式选针是选针信息通过选针机构中各种选针机件的传递,最后作用在织针的针踵上,从而实现选针过程,如插片式、圆齿片式、摆片式、纹板式、滚筒式选针机构等。电子选针机构是应用电磁式、压电式等能够将电能转变成机械能的传感器,通过一系列的转换电路或计算机,将选针信号传递到织针上,从而达到选针的目的。选针机构根据其形成花纹的类型,还可分为有位移式和无位移式选针机构,如提花轮式选针机构就是有位移式,而滚筒式选针机构是无位移式的选针机构。花纹无位移是指左、右相邻两花纹的起始点在同一个横列上,且上、下相邻花纹的起始点在同一个纵行上,否则为花纹有位移。

许多双面多针道机采用的是三角键组合式选针,其选针原理与单面多针道机的选针原理完全相同,即采用三种不同的三角对织针进行控制,实现三功位选针。在双面多针道机中,上、下针道数目可以相同也可不同,上针道数一般为2,下针道数多为2或4,也有上、下均为四针道的形式,如四段棉毛机。按照上针盘与下针筒上针槽的对位关系,可分为罗纹式和棉毛式配置两种。罗纹式多针道机的上、下针槽相错,吃纱形式为对吃,编织时纱线张力较大,主要用于编织罗纹织物和衬垫氨纶丝弹力罗纹织物等。棉毛式多针道机的上下针槽相对配置,织针相错编织,如双罗纹、三段棉毛(三个1+1罗纹组成)和四段棉毛(四个1+1罗纹组成)等。上、下针采用单分纱复式弯纱方式,编织时弯纱张力较小,对纱线强力的要求比罗纹式配置低。

多针道变换三角选针机构采用几种不同踵位的高低踵针,分别对应几条高低档的三角针道,每一档起针三角又有成圈、集圈和不编织三种变换。目前使用最多的是针筒针选用四踵位织针,三角选用四针道变换选针三角。这种使用多级针踵的舌针和多针道控制方式的圆纬机,称为多针道针织机。

二、选针原理

多针道变换三角针织机是利用三角的变换(成圈、集圈和不编织)和配置不同,以及不同踵位织针的排列来进行选针。目前常使用的有三针道和四针道圆纬机。一种典型的单面四针道变换三角式选针机构的结构如图6-3所示。图中所示为织针1、针筒2、沉降片3、导纱器4、沉降片三角5、沉降片三角座6、沉降片圆环7、针筒三角座8、四档三角9和线圈长度调节盘10的配置图。

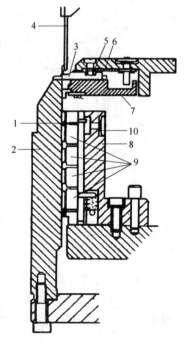

图6-3　四针道变换三角式
选针机构

针筒上插有四档踵位的针(图6-4),它们的高度与各档三角针道的高度相对应,分别受相应的走针三角的作用。

图6-5是四针道针织机的针筒三角座,每一路成圈系统有四档退圈三角和四档压针三角,分别构成四条走针跑道;各档三角可以独立地变换,图中使用了集圈三角1、浮线三角2和成圈三角3。当针筒上的全部织针经过此路三角时,分成三种情况:C型针成圈,A型和D型针集圈,B型针不工作。四档压针三角的上下位置由三角座背面的调节盘统一控制,使各枚织针的弯纱深度一致。

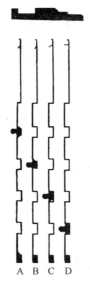

图6-4 四档踵位的织针和沉降片

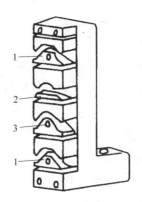

图6-5 针筒三角座

三、花纹形成原理

针织机在编织花色组织时,无论它采用什么形式的选针机构,最终都是为了使一些织针正常编织,一些织针编织集圈,一些织针不编织而形成浮线。这种对织针有选择的成圈,其根本是改变了织针的成圈过程。成圈过程的改变是形成花纹的基本原理。下面就成圈过程的各种变化形式及形成的线圈形态进行一些讨论:

(一)退圈过程的变化

退圈过程有如下几种变化形式:

1. 完全退圈

完全退圈是指旧线圈从针口退到针杆上,然后垫上新纱线,完成成圈的其他阶段。这一过程是编织正常线圈的,纱线在织物中呈现的形式是一般的完整线圈,如平针线圈、罗纹线圈等基本组织中的线圈。

2. 不完全退圈

不完全退圈是指某些织针上,旧线圈没有从针钩退到针杆上,而是只退到针舌上就停止退圈,进行垫纱,使新垫放的纱线与旧线圈都被针钩钩住;在下一个成圈过程中,它们都作为旧线圈从针钩内退到针杆上,完成下一个成圈过程。这一过程也称为集圈。纱线在织物中呈现的形式是悬弧,如单针单列、双针单列和多针单列集圈等组织中的悬弧。

3. 多次不完全退圈

多次不完全退圈是指在某些织针上,连续几个成圈过程中,新垫放的纱线与旧线圈都不完全退圈,形成多列的集圈。纱线在织物中呈现的形式是大小不同的多个悬弧,如单针双列、单针多列、双针双列、双针多列及多针多列集圈等组织中的悬弧。

(二)垫纱过程的变化

织针能否垫纱一般由选针机构控制,垫纱的变化通常和退圈相配合,有下述几种形式:

1. 正常垫纱

正常垫纱阶段是完成基本成圈过程的一部分,当旧线圈从针钩退到针杆上时,新纱线正确垫入针钩,完成垫纱,从而形成完整线圈。

2. 针杆垫纱

将纱线垫放到针杆上而没有垫入针钩,使新垫放的纱线与旧线圈都处于针杆上,在以后的各成圈阶段中,新纱线和旧线圈同时完成其余各阶段,形成的组织是集圈组织。

3. 不垫纱

新纱线既不垫入针钩,也不垫在针杆上,而是垫在针背,旧线圈也没有退到针杆上,此时新纱线在织物中呈浮线状。这就是典型的提花等组织中的浮线。

(三)闭口阶段的变化

闭口阶段的变化形式分为三种:一是正常情况的闭口,将旧线圈与新纱线分开,完成基本成圈过程;二是不完全退圈而垫纱,针舌被旧线圈打开并控制住,新纱线垫放在针舌上而形成集圈;三是织针不退圈也不垫纱,针舌不受旧线圈控制而形成浮线。

(四)其他阶段的变化

其他阶段的变化主要在套圈和脱圈阶段。在三角进行压针时,调节弯纱深度,使织针针头上的旧线圈不进行脱圈,而处于针舌外侧。在下一成圈过程中,旧线圈沿针舌外侧滑移到针杆上,针钩内的纱线打开针舌并滑移到针杆上,再垫入新纱线,完成其他各成圈阶段。这是针织横机进行集圈组织编织的常用方法,在圆机上则较少用。通过对基本成圈过程的改变,进行三功位选针,可以编织出各种提花、集圈、衬垫及其复合的花色组织。而在其他花色组织中,如菠萝组织、纱罗组织等有线圈需要转移的组织,它们实际上是在基本的成圈过程中增加了线圈的转移,即变化了成圈过程。所有针织圆机编织花色组织都是基于改变成圈过程这个原理的。

四、花纹范围的确定

花纹范围一般取决于机器条件和对织物的要求,主要的影响因素有选针机构的形式、机器的路数、编织花纹的色纱数等。下面根据单面多针道机讨论形成花纹的可能性:

在单面多针道机上编织花纹时,完全组织的宽度和高度与针道数、三角排列、提花色纱数、织针种类等有关。这里以四针道机为例,如果四个针道均参加工作,提花色纱数假设为 1,分析一路编织一个花纹横列时的情况。

(一)最大花宽 B_{max}

花宽是一个完全组织的纵行数,由织针排列的最小循环单元决定。当花纹的完全组织中没有相同的纵行时,花宽则由织针的针踵数决定。在四针道机上,最大花宽 $B_{max}=4$;在其他多针道机上，B_{max}＝针踵数(n)。实际设计的花宽只要小于最大花宽即可。

当花纹的完全组织中有相同的纵行时，如对称花型，则 $B_{max}＝2n$（花纹中间有两个完全相同的纵行，即双纵行对称）或 $B_{max}＝2n-1$（花纹中间单纵行对称）。

设计时，为了增大花纹的宽度，或使织物具有设计者要求的某种特殊风格，可在机器上将四种不同档位针踵的织针按各种顺序交替重复排列，使花纹的完全组织宽度中，许多纵行都是四个不同花纹纵行的重复，但不形成某种循环规律。根据这一原理，设计的最大花宽可达到针筒总针数 N，即 $B_{max}≤N$。针织乔其纱是具有代表性的一个组织。

（二）最大花高 H_{max}

在多针道机上，由于每一路的每一个针道都有三种选针的可能，即编织、集圈、浮线，因而四针道机的每一个系统具有四档三角。各档三角的变换是相互独立的，则可编织的最大花高 H_{max} 既要考虑三角的变换，还要考虑机器的总路数。

在实际设计花纹时，应本着实用美观的美学宗旨综合考虑，使 H 和 B 呈现美的比例。

第三节　提花轮选针与选片原理

一、选针与选片原理

采用提花轮选针机构的圆机，针筒上只插有一种织针，是形成花纹的工作机件。针筒周围装有三角，每一成圈系统由起针三角 1、侧向三角 2、压针三角 5、提花轮 6 组成，其配置关系如图 6-6 所示。

每路三角的外侧安装着一个提花轮，其结构如图 6-7 所示。提花轮周边装有许多钢片，钢片之间形成凹槽，凹槽与织针的针踵啮合。针筒转动时，针踵带动提花轮转动，提花轮的轴线与织针安装成 45°夹角。在提花轮钢片组成的凹槽中，根据花纹需要，可装上高钢米、低钢米或不装钢米。在织针与提花轮啮合转动时，提花轮绕其自身的芯轴转动，针踵受到凹槽中钢米的推动，形成三种走针轨迹，即成圈、集圈和浮线。

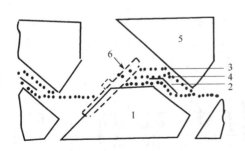

图 6-6　提花轮圆机的三角系统

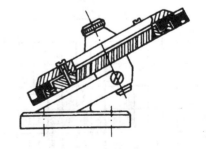

图 6-7　提花轮结构

当提花轮凹槽中安装高钢米时，推动其凹槽中的织针上升到最高位置，如图 6-6 中所示的轨迹 3，织针到达退圈高度，垫上纱线进行成圈编织。

当提花轮凹槽中安装低钢米时，推动其凹槽中的织针上升到次高位置，如图 6-6 中所示的轨迹 4，织针到达集圈高度，垫上纱线进行集圈编织。

当提花轮凹槽中不安装钢米时,其凹槽中的织针随针筒转动,而不上升、不退圈也不垫纱,压针由侧向三角完成,如图6-6中所示的轨迹2,织针在该路形成浮线。

在这种三功位选针的形式中,生产单面提花织物时,可利用集圈的方法缩短织物反面的浮线长度,克服织物反面浮线过长的缺点,其织物结构如图6-8所示。

在提花轮选针机构中,凹槽中的高、低、无钢米是选针信息,它是由织物的意匠图决定的。提花轮是选针机件,直接与针踵作用,因此提花轮的槽数与针筒总针数之间的比例将直接影响织物完全组织的花纹分布。下面讨论其花纹的设计:

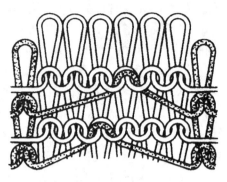

图6-8　单面提花组织中织入集圈以缩短浮线

二、矩形花纹的形成与设计

采用提花轮选针机构的针织机所形成的花纹区域可分为矩形、六边形和菱形三种,其中以矩形最为普遍。矩形花纹的设计,首先要确定针筒总针数与提花轮槽数之间的关系。

设针筒总针数为 N,提花轮槽数为 T,那么在针筒回转时,提花轮与针踵啮合回转,N 与 T 之间的关系如下:

$$N = ZT + r \tag{6-1}$$

式中:Z 为正整数;r 为余数。

根据总针数是否能够被提花轮槽数整除,可分为以下两种情况:

（一）余数 $r=0$

当 $r=0$ 时,即为针筒转一转,提花轮自转 Z 转。因此,在针筒每转中,织针与提花轮槽的啮合关系始终不变。假设有某种机器,总针数 $N=36$ 枚,提花轮槽数 $T=12$ 槽,那么针筒转1转,提花轮转3转,它们的对应关系展开如图6-9所示。

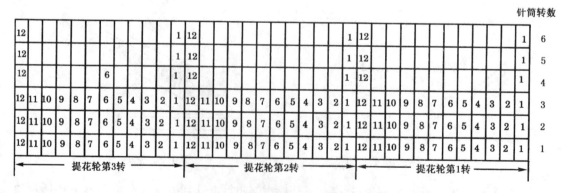

图6-9　$r=0$ 时织针与轮槽啮合关系展开图

在针筒第1转,提花轮的第1槽作用在第1、13、25枚织针上,第2槽作用在第2、14、26枚织针上,依此类推。针筒每转一转,提花轮槽与织针的对应关系始终保持不变,结果形成1

个横列高、12 个纵行宽的矩形花纹。这种花型上下重叠、左右并列,没有镶嵌、纵移、横移现象。如果要加大花纹高度,可采用多个成圈系统来实现,其花纹范围如下:

花纹的最大宽度:
$$B_{max} = T \tag{6-2}$$

花纹的最大高度:
$$H_{max} = M/e \tag{6-3}$$

式中:M 为提花轮数(路数);e 为提花色纱数。

设计时,可将提花轮槽数分成几等份(称为段),每段对应一个花宽,提花轮一转可织几个花宽,从而使花宽减小,使之与花高接近或相等。

（二）余数 $r \neq 0$

当余数 $r \neq 0$ 时,也就是总针数 N 不能被提花轮槽数 T 整除,这样在针筒第 1 转时提花轮的起始槽与针筒的第 1 针啮合,但针筒第 2 转时起始槽就不会与第 1 针啮合了。现假设其不会与第 1 针啮合,并假设某机的总针数 $N=170$ 枚,提花轮槽数 $T=50$ 槽,则 $N/T = 170/50 = 3$ 余 20,即 $r=20$,此时 N,T 和 r 之间的最大公约数为 10。

当针筒转第 1 转时,提花轮自转 3 转后还要转 2/5 转。针筒第 2 转时,与针筒上的第 1 枚针啮合的是第 21 槽。图 6-10(a)表示这种啮合关系。图中左边的小圆代表针筒转一转,每转上的标号 Ⅰ,Ⅱ,…,Ⅴ 分别表示 10 槽为一段的段号;右边的大圆上,每一圈代表针筒转一转,每转上的标号 Ⅰ,Ⅱ,…,Ⅴ 分别代表提花轮上的段号与织针的啮合对应关系。由图中可看出,针筒转过 5 转,针筒上的最后一针才与提花轮的最后一槽啮合,完成一个完整的循环。从图 6-10(b)可以看出,该提花轮的五个区段在多次滚动啮合中,互相并合构成一个矩形区域,这就是花纹的完全组织。其高度为 H,宽度为 B,相邻两个矩形之间具有纵向位移 Y,因此在圆筒形织物中,花纹呈明显的螺旋分布。利用这种纵移现象,可以设计比较新颖的花纹图案。

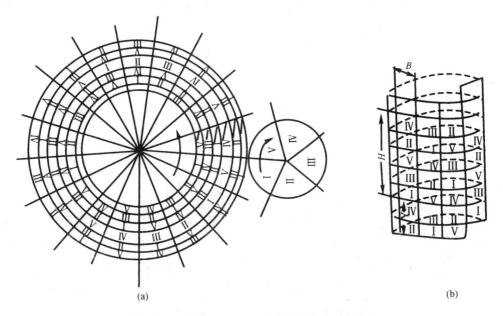

(a)   (b)

图 6-10 $r \neq 0$ 时织针与轮槽啮合关系展开图

1. 完全组织的宽度 B 和高度 H

为了保证针筒转一周能编织出整个花型,完全组织的宽度 B 应取总针数 N、提花轮槽数 T 和余针数 r 三者的公约数。若 B 是三者的最大公约数,则 $B=B_{max}$。对于图 6-10 所示的例子,花宽 $B=B_{max}=10$ 纵行,由于只采用一个成圈系统,故花高 $H=T/B=5$ 横列。

为了增加完全组织的高度 H,可采用多个成圈系统,由此可编织多色提花织物。完全组织高度 H 的计算公式为:

$$H = (T \times M)/(B \times e) \tag{6-4}$$

式中:T 为提花轮槽数;M 为成圈系统数;B 为完全组织宽度;e 为色纱数。

2. 段的横移

将提花轮槽数按完全组织的宽度分成若干等份,称为"段",那么段数 A 可用下式计算:

$$A = T/B \tag{6-5}$$

根据上例,$T=50$ 槽,$B=10$ 纵行,提花轮被分成五段。每段依次编号,称为段号,如图 6-11 所示的 Ⅰ,Ⅱ,…,Ⅴ等。每段中有 10 槽,与 10 枚织针对应,相互啮合。

					V′	IV′	III′	II′	I′	V′	VI′	III′	II′	I′			
V°	IV°	III°	II°	I°	V°	IV°	III°	II°	I°	V°	VI°	III°	II°	I°	V°	IV°	
V‴	IV‴	III‴	II‴	I‴	V‴	IV‴	III‴	II‴	I‴	V‴	IV‴	III‴	II‴	I‴	V‴	IV‴	
V″	IV″	III″	II″	I″	V″	IV″	III″	II″	I″	V″	IV″	III″	II″	I″	V″	IV″	
V′	IV′	III′	II′	I′	V′	IV′	III′	II′	I′	V′	IV′	III′	II′	I′	V′	IV′	
III°	II°	I°	V°	IV°	III°	II°	I°	V°	IV°	III°	II°	I°	V°	VI°	III°	II°	
III‴	II‴	I‴	V‴	IV‴	III‴	II‴	I‴	V‴	IV‴	III‴	II‴	I‴	V‴	VI‴	III‴	II‴	
III″	II″	I″	V″	IV″	III″	II″	I″	V″	IV″	III″	II″	I″	V″	VI″	III″	II″	
III′	II′	I′	V′	IV′	III′	II′	I′	V′	IV′	III′	II′	I′	V′	VI′	III′	II′	
I°	V°	IV°	III°	II°	I°	V°	IV°	III°	II°	I°	V°	IV°	III°	II°	I°	V°	
I‴	V‴	IV‴	III‴	II‴	I‴	V‴	IV‴	III‴	II‴	I‴	V‴	IV‴	III‴	II‴	I‴	V‴	
I″	V″	IV″	III″	II″	I″	V″	IV″	III″	II″	I″	V″	IV″	III″	II″	I″	V″	
I′	V′	IV′	III′	II′	I′	V′	IV′	III′	II′	I′	V′	IV′	III′	II′	I′	V′	
IV°	III°	II°	I°	V°	IV°	III°	II°	I°	V°	IV°	III°	II°	I°	V°	IV°	III°	
IV‴	III‴	II‴	I‴	V‴	IV‴	III‴	II‴	I‴	V‴	IV‴	III‴	II‴	I‴	V‴	IV‴	III‴	
IV″	III″	II″	I″	V″	IV″	III″	II″	I″	V″	IV″	III″	II″	I″	V″	IV″	III″	
IV′	III′	II′	I′	V′	IV′	III′	II′	I′	V′	IV′	III′	II′	I′	V′	IV′	III′	
II°	I°	V°	IV°	III°	II°	I°	V°	IV°	III°	II°	I°	V°	IV°	III°	II°	I°	第4轮
II″	I″	V″	IV″	III″	II″	I″	V″	IV″	III″	II″	I″	V″	IV″	III″	II″	I″	第3轮
II‴	I‴	V‴	IV‴	III‴	II‴	I‴	V‴	IV‴	III‴	II‴	I‴	V‴	IV‴	III‴	II‴	I‴	第2轮
II′	I′	V′	IV′	III′	II′	I′	V′	IV′	III′	II′	I′	V′	IV′	III′	II′	I′	第1轮

图 6-11　四路编织时一个完全组织的宽度与高度

将式(6-5)代入式(6-4)可得:

$$H = (T/B) \times (M/e) = A \times (M/e) \qquad (6-6)$$

$$A = (H \times e)/M \qquad (6-7)$$

由于余数 $r \neq 0$，所以针筒每转一圈，开始作用的段号就变更一次，称为段的横移。段的横移数用 X 表示：

$$X = r/B \qquad (6-8)$$

对上述例子来说，$X = r/B = 20/10 = 2$。这表明，段的横移就是余数中有几个花宽 B。

由于段的横移，针筒回转开始时，第一区段织针所啮合的不一定是提花轮的第一段，所以需要计算针筒第 p 转时开始作用的提花轮段号 S_p。

如上述例子中，针筒第 1 转时，开始作用段 $\dfrac{12}{S}$ 为 1，取 $S=1$；

针筒第 2 转时，开始作用段号为Ⅲ，即 $S_2 = X + 1 = 3$；

针筒第 3 转时，好始作用段号为Ⅴ，即 $S_3 = 2X = 5$；

针筒第 4 转时，开始作用段号为Ⅱ，即 $S_4 = 3X + 1 - KA = 3X + 1 - 1 \times A$；（按 $S_4 = 3X + 1 = 7$，所得数值大于 A，不符合原意。故需减去 K 个 A，使 S_p 小于 A，式中 K 正整数）

针筒第 5 转时，开始作用段号为Ⅳ，即 $S_5 = 4X + 1 - KA = 4X + 1 - 1 \times A = 4$。

根据上述规律，可归纳出当针筒第 p 转时，开始作用的提花轮槽段号 S_p 的计算公式：

$$S_p = [(p-1)X + 1] - KA \qquad (6-9)$$

式中：p 为针筒回转的顺序号；X 为段的横移数；A 为提花轮槽的段数；K 为正整数。

3. 花纹的纵移

两个相邻的完全组织在垂直方向的位移，称为纵移，用 Y 表示。从图 6-10(b)可以看出，左边一个完全组织的第一横列比其相邻的右边一个完全组织的第一横列升高两个横列，故它的纵移 $Y = 2$。

在同一横列中，花纹的第 1 段总是紧接着最后一段（本例为第Ⅴ段），图中右边一个完全组织的最后一段（第Ⅴ段）所在的横列为第 3 横列，比第 1 段所在的横列上升两个横列（$3-1=2$），这样便得到两个完全组织的纵移值 $Y = 2$。

设某一完全组织中最后一个段号为 A_p（A_p 总是等于段数 A），它所在的横列为第 p 横列。当圆纬机上只有一个提花轮时，针筒一转编织一个横列，第 p 横列就是针筒转过 p 转，利用下列公式可求 p 值：

$$A_p = [(p-1)X +] - KA, \qquad A_p = A$$
$$p = [A(K+1) - 1]/X + 1$$

当圆纬机只有一个成圈系统时，两个完全组织的纵移 Y' 为：

$$Y' = p - 1 = [A(K+1) - 1]/X \qquad (6-10)$$

如果圆纬机上有 M 个成圈系统和 e 种色纱，则针筒一转编织 M/e 个横列。在这种情况下，并结合式(6-6)，纵移 Y 可用下式求得：

$$Y = Y' \times M/e = [M/e \times A(K+1) - M/e]/X$$

$$Y = [H(K+1) - M/e]/X \tag{6-11}$$

在求得上述各项参数的基础上,就可以设计矩形花纹。因为有段的横移和花纹的纵移存在,所以一般要绘出两个以上完全组织,并指出纵移和段号在完全组织高度中的排列顺序。

第四节　拨片式选针原理

一、选针原理

在拨片式选针提花圆机针筒的每一针槽中,从上而下安插着织针、挺针片和提花片。每一选针器上有39档从高到低彼此平行排列的拨片,且各拨片的高度与提花片的39档齿一一对应,每片提花片只保留其中的一档齿,1～37档拨片和提花片齿用于自由选针。

选针原理如图6-12所示。每一档拨片可拨至左、中、右三个位置。当某一档拨片置于中间位置时,拨片的前端作用不到留同一档齿的提花片,不会将这些提花片压入针槽,使得与提花片相嵌的挺针片的片踵露出针筒,在挺针片三角的作用下,挺针片上升,将织针推升到退圈高度,从而编织成圈。如果某一档拨片拨至右方,挺针片在挺针片三角的作用下上升将织针推升到集圈(不完全退圈)高度后,与挺针片相嵌的留同一档齿的提花片被拨片压入针槽,使挺针片不再继续上升退圈,从而使其上方的织针集圈。如果某一档拨片拨至左方,它会在退圈一开始就将留同一档齿的提花片压入针槽,使挺针片片踵埋入针筒,从而导致挺针片不上升,这样织针也不上升,即不编织。这种选针方式属于三功位(成圈、集圈、浮线)选针。在生产单面提花织物时,可利用编织集圈的方法使浮线固结在地组织中,以缩短反面浮线,克服因同一种色纱线圈连续排列较多而造成织物反面其他色纱浮线过长易产生勾丝的缺点。这种有集圈的单面提花织物如图6-13所示。

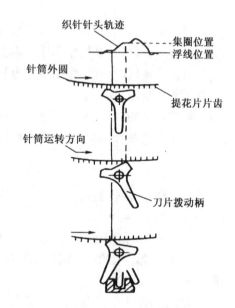

图6-12　拨片式选针机构选针原理

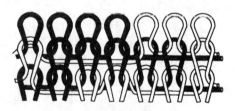

图6-13　利用集圈缩短反面浮线的单面提花织物

二、花型大小

拨片式选针机构形成的花型大小与拨片的档数、机器的成圈系统数和总针数有关。

（一）完全组织宽度 B

由于各片提花片的运动是相互独立的,每片提花片只保留第1～37档齿中的一齿,留齿高度不同的提花片的运动规律可以不一样,所以通过挺针片作用于织针后能形成37种不同的花纹纵行,即 $B_0 = 37$。如提花片留齿呈步步高或步步低的不对称排列,则一个完全组织的最大花宽 $B_{max} = 37$ 纵行。如留齿呈"∧"或"∨"形的对称排列,则 $B_{max} = 74$ 纵行。为了使花宽能被总针数 N 整除,一般对于前一种排列,取 $B_{max} = 36$ 纵行;如后者采用对称单片排列,最大花宽 $B_{max} = 72$ 纵行。若将留齿不同的 37 档提花片按各种顺序交替重复排列,使一个完全组织中有许多纵行是这 37 种不同花纹纵行的重复,但不成循环,则可以增加花宽。实际设计花型时,最好使花宽能被 N 整除,这样针筒转一转可编织整数个花型。

（二）完全组织高度 H

一个完全组织的最大花高 H_{max} 等于机器的成圈系统数(即选针机构数)M 除以色纱数 e。

三、应用实例

例如,某机有 90 路,欲编织两色提花织物,则最大花高 $H_{max} = M/e = 90/2 = 45$ 横列。与电子选针相比,拨片式选针机构能够编织的花高较小,有一定的限制,故又称为"小提花"选针。

实际设计花型时,不一定使完全组织高度 H 等于最大花高 H_{max},但最好做到 M 被 H 整除;如不能做到整除,可将余数系统选针机构的各档推片设置成不编织。

第五节　电子选针与选片原理

电子选针机构可以实现针织机上单针的自由选针,完全组织的花宽可以达到满针的宽度,花高可以根据产品的要求任意设计。目前在针织纬编圆机上采用的电子选针装置主要有两类,即多级式和单级式。

一、多级式电子选针原理

多级式电子选针器的外形结构如图 6-14 所示。它主要由多级上下平行排列的选针刀 a、电子选针传感器 b、接口 c 组成,其选针级数一般是 6 级或 8 级,图中所画为 8 级。每一级选针刀片受到与其相对应的同级力传感器的控制可做上下摆动,以实现选针。力传感器有压电陶瓷和电磁式两种。由于压电陶瓷传感器具有工作频率高、不易发热、能耗低、噪音小等优点,因此使用比较普遍。选针刀片的上下摆动,即选针与否,是由计算机中的选针信号程序决定的。计算机中的选针信号程序是一个电脉冲,通过电缆传输到传感器,传感器再根据这个信号控制选针刀片的摆动。

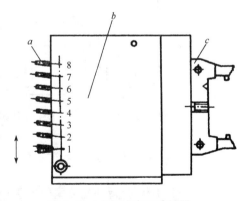

图 6-14　多级式电子选针器

虽然电子选针器可以设计安装在多种类型的针织机上,其形式可以不同,但其选针原理都是相同的。现通过下面的例子来说明其选针过程及原理:

图 6-15 所示为一种多级式电子选针机的成圈机件配置图。图中 1 是八级电子选针器,在针筒 2 的每个针槽里从下到上依次插有提花片 3、挺针片 4、织针 5。提花片 3 上有 8 档齿,

高度与 8 级选针刀一一对应。每片提花片上只保留一档齿,留齿形式呈步步高"/"或步步低"\"排列,并按 8 片一组,重复排满针筒一周。当选针器中某一级传感器接收到不选针编织的脉冲信号时,由它控制的同一级选针刀向上摆动,刀片作用到同级齿的提花片,将其压入针槽,提花片 6 作用于挺针片下端,迫使挺针片脱离开挺针片三角 7 的控制,即不上升,从而使对应的织针不上升编织,形成浮线。如果某一级传感器接收到编织信号,选针刀下摆,对应的同级提花片不被推入针槽,则挺针片上的片踵会沿着三角 7 上升,推动织针上升编织,形成线圈。三角 8 和 9 分别作用于挺针片上踵和织针的针踵,使它们复位,准备下一系统的选针编织。这种电子选针机构属于两功(成圈和浮线)位选针方式。

对于八级电子选针器来说,在针筒运转过程中,每一路上的电子选针器中的每一级传感器都是每转过 8 枚织针接收一个选针信号,从而实现连续选针。选针器级数与机号和机速有关。由于选针器的工作频率有上限,所以机号和机速越高,需要的级数越多,致使针筒高度增加。

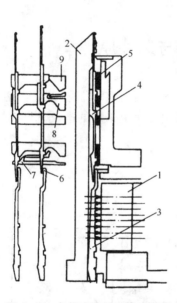

图 6-15　多级式选针机件的配置

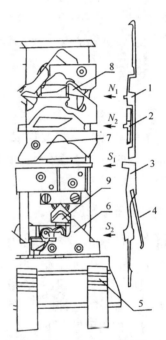

图 6-16　单级式选针机件的配置

二、单级式电子选针原理

图 6-16 所示为迈耶西公司的电子选针针织机的成圈机件与选针机件的配置。针筒中从上到下插有织针 1、导针片 2 和带有弹簧 4 的挺针片 3。

一般针织机(无选针机构的针织机)的起针和压针是通过起针三角和压针三角作用在一个针踵的两个面上来完成的。而迈耶西公司的所有圆纬机都采用积极式导针,即另外设计一个安全针踵(导针片 2 的片踵),起针和压针分别由安全针踵和织针上的普通针踵来完成,如图 6-17 所示。这样织针在三角针道中运动时始终处于受控状态,能够有效地防止织针的蹿跳,减少了漏针及轧针踵现象。图 6-16 中,选针器 5 是一个永久性磁铁,其中有一狭窄的选针区

（选针磁极）。根据接收到的选针脉冲信号的不同，选针区可以保磁和消磁。而选针器上除了选针区之外，其他区域为永久磁铁。图 6-16 中，6 和 7 分别为挺针片的起针三角和复位三角。该机没有织针的起针三角，织针工作与否完全取决于挺针片是否上升。活络三角 8 和 9 可使被选中的织针进行编织或集圈。当用手将 8 和 9 同时调整到高位置时，织针编织；当同时调到低位置时，织针集圈。

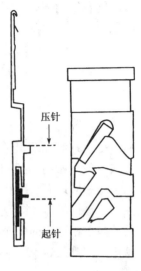

图 6-17　积极式导针

　　选针原理如图 6-18 所示，其中（b）和（c）为俯视图。在挺针片 3 即将进入每一系统的选针器 5 时，先受复位三角的径向作用，挺针片片尾 10 被推向选针器，并被其中的永久磁铁区 11 吸住。随后，挺针片片尾贴住选针器表面，继续做横向运动。在机器运转过程中，针筒每转过一个针距，从传感器发出一个选针脉冲信号到达选针磁极 12。当某一挺针片运动到磁极 12 时，如此刻选针磁极收到的是低电平脉冲信号，则选针磁极保持磁性，挺针片片尾仍被选针器吸住，如图 6-18（b）中的 13 所示。随着片尾通过选针器，仍继续贴住选针器上的永久磁铁 11 做横向运动。这样，挺针片的下片踵只能从起针三角 6 的内表面经过，而不能走上起针三角，因此，挺针片不推动织针上升，实现不编织过程。反之，若该时刻选针磁铁 12 收到的是高电平信号，则选针磁极的磁性消失，挺针片在弹簧的作用下，片尾 10 脱离选针器 5，如图 6-18（c）中的 14 所示。随着针筒的回转，挺针片下片踵走上起针三角 6，推动织针上升，实现编织或集圈。这种选针机构也是两功位（编织/集圈，不编织）选针方式。

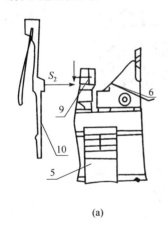

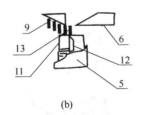

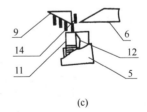

（a）　　　　　　　　　　（b）　　　　　　　　　　（c）

图 6-18　单级式选针原理

三、形成花纹的能力分析

　　对于普通机械式选针装置的针织机，不同花纹的纵行数受到针踵数或提花片片齿档数等的限制；而电子选针圆纬机可以对每一枚针进行独立选针，因此，不同花纹的纵行数可以等于总针数。对于机械式选针装置来说，花纹信息存储在变换三角、提花轮、选针片等机件上，储存的花纹信息容量有限，因此不同花纹的横列数受到限制。电子选针圆纬机的花纹信息储存在计算机的内存和磁盘上，容量较大，且针筒每一转输送给各电子选针器的信号可以不一样，所以不同花纹的横列数可以很多；因此在电子选针机中，花纹完全组织的大小及其图案可以不受限制。

第六节 织物反面设计

在双面提花针织物的组织结构中，常把针筒针编织的一面作为织物的正面（即花纹效应面），把由针盘针编织形成的一面作为织物的反面。双面提花圆机的种类很多，针筒针的选针方式也各不相同，但针盘针一般只有高踵针和低踵针两种，并按照一隔一方式交替排列。针盘三角也相应地有高踵和低踵两条针道。每一成圈系统的高低两档三角一般均为活络三角，可控制针盘针进行成圈、集圈或浮线编织。织物反面设计就是要根据织物正面的花纹组织结构，设计与之相适应的反面组织，使正面花纹清晰、表面丰满，而反面平整。具体地说，就是确定针盘三角的排列。现将几种常用的提花织物反面设计介绍如下：

一、两色提花织物反面设计

由于针盘三角配置不同，将得到不同的反面组织（图6-19），一种反面出现"直向条纹"外观，另一种反面出现"芝麻点"外观。

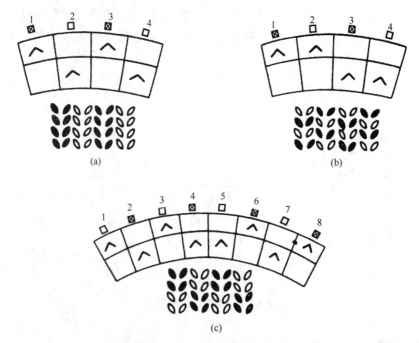

图6-19 两色提花织物反面设计

（一）"直向条纹"外观

图6-19（a）表示上三角呈高、低两路一循环排列，色纱呈黑白交替排列。这样的设计方法，高踵针始终编织黑纱，低踵针始终编织白纱。织物反面形成"直向条纹"，正面容易"露底"，使正面花纹效应不清晰。因此，在两色提花织物中，极少采用这种组织结构。

（二）"小芝麻点"外观

图 6-19(b)表示上三角呈高、高、低、低四路一循环排列,色纱呈黑白交替排列。这样的设计方法,高踵针在第 1 路编织黑纱,接着在第 2 路编织白纱;低踵针在第 3 路编织黑纱,接着在第 4 路编织白纱。在织物反面,每一纵行与横列都由黑白线圈交替而成,呈"小芝麻点"花纹效应。

（三）"大芝麻点"外观

图 6-19(c)表示上三角呈高、低、高、低、低、高、低、高八路一循环排列,色纱呈白黑交替排列。这样的设计方法,高踵针在第 1 路和第 3 路连续编织两次白纱,在第 6 路和第 8 路连续编织两次黑纱;低踵针在第 2 路和第 4 路连续编织两次白纱,在第 5 路和第 7 路连续编织两次黑纱。在织物反面,每一纵行都由两个白线圈与两个黑线圈交替而成,外观呈"大芝麻点"花纹效应。

织物反面呈"芝麻点"后能使织物正面花纹清晰,一般都采用"小芝麻点"式的织物反面设计。

二、三色提花织物反面设计

图 6-20 所示为两种最常用的三色提花织物的反面组织设计方法。

（一）"小芝麻点"外观

图 6-20(a)表示色纱呈白、红、黑交替排列,上三角为高、低、高、低、高、低六路一循环排列。这样的设计方法,高踵针在第 1、3、5 路编织白、黑、红三种色纱,低踵针在第 2、4、6 路编织红、白、黑三种色纱。在织物反面,每一纵行都是由白、黑、红三色线圈交替而成,每一横列由白、黑或黑、红或红、白两色交替而成,外观呈"小芝麻点"花纹效应。

（二）"大芝麻点"外观

图 6-20(b)表示色纱呈白、红、黑交替排列,上三角为高、低、低、高、高、低、低、高、高、低、低、高十二路一循环排列。这样的设计方法,高踵针在第 1 路和第 4 路连续编织两次白纱,在第 5 路和第 8 路连续两次编织红纱,在第 9 路和第 12 路连续两次编织黑纱;低踵针在第 3 路和第 6 路连续两次编织黑纱,在第 7 路和第 10 路连续两次编织白纱,在第 11 路和第 2 路各编织一次红纱。在织物反面,每一纵行都是由两个白色线圈、两个红色线圈、两个黑色线圈交替而成,外观呈"大芝麻点"花纹效应。

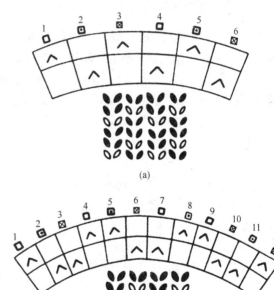

图 6-20　三色提花织物反面设计

第七章　圆机成型产品的编织

针织生产除了能够编织各种经纬编坯布外,还可以在某些具有成型机构的针织机上编织出具有一定形状的成型产品,如袜子、手套等;或编织出具有一定形状、下机后不需要裁剪或只需要少量裁剪便可以进行缝合的半成型产品,如羊毛衫衣片、袜坯等。

本章主要介绍圆机成型产品,即袜品和无缝内衣。

第一节　　袜　品　概　述

一、袜品的分类

袜品的种类很多,根据所使用的原料,可以分为锦纶丝袜、棉线袜、羊毛袜、丙纶袜等;根据袜子的花色和组织结构,可以分为素袜、花袜等;根据袜口的形式,可以分为双层平口袜、单罗口袜、双罗口袜、橡筋罗口袜、橡筋假罗口袜、花色罗口袜等;根据穿着对象和用途,可以分为宝宝袜、童袜、少年袜、男袜、女袜、运动袜、舞袜、医疗用袜等;根据袜筒长短,可以分为连裤袜、长筒袜、中筒袜和短筒袜等。

二、袜品的结构

袜品的种类虽然繁多,但就其结构而言,组成部分大致相同,仅在尺寸和花色组织等方面有所不同。图7-1所示为几种常见袜品的外形,(a)为短筒袜坯,(b)为中筒袜,(c)为长筒袜。

下机的袜子有两种形式:一种是已形成完整的袜子(即袜头已缝合),如图7-1中(b)和(c)所示;另一种是袜头敞开的袜坯,如图7-1(a)所示,需将袜头缝合后才能成为一只完整的袜子。

长筒袜的主要组成部段有袜口1、上筒2、中筒3、下筒4、高跟5、袜跟6、袜底7、袜面8、加固圈9、袜头10

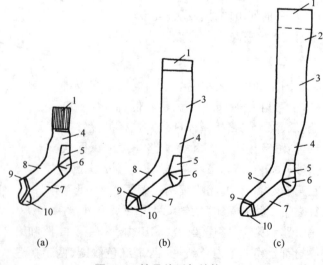

图7-1　袜品外形与结构

等。中筒袜没有上筒,短筒袜没有上筒和中筒,其余部段与长筒袜相同。

　　不是每一种袜品都有上述的组成部段。如目前深受消费者青睐的高弹丝袜,其结构比较简单,袜坯多为无跟型,由袜口(裤口)、袜筒过渡段(裤身)、袜腿和袜头组成。

　　袜口的作用是使袜边既不脱散又不卷边,既能紧贴在腿上,穿脱时又方便。长筒袜和中筒袜一般采用双层平针组织或橡筋袜口;短筒袜的袜口一般采用具有良好弹性和延伸性的罗纹组织,也有采用衬以橡筋线或氨纶丝的罗纹组织或假罗纹组织。

　　袜筒的形状必须符合腿形,特别是长筒袜,应根据腿形不断改变各部段的密度。组织方面,除了采用平针组织和罗纹组织之外,还可采用各种花色组织,以提高外观效应,如提花袜、绣花袜、添纱袜、网眼袜、集圈袜和毛圈袜等。由于袜筒的编织原理与圆纬机编织各种组织结构的坯布相同,故本章不再赘述。

　　高跟属于袜筒部段,由于该部段在穿着时与鞋子发生摩擦,所以编织时通常加入一根加固线,以增加其坚牢度。

　　袜跟需织成袋形,以适合脚跟的形状。否则袜子穿着时将在脚背形成皱痕,而且容易脱落。编织袜跟时,相应于袜面部分的织针应停止编织,只有袜底部分的织针工作,同时按要求进行收放针,以形成梯形的袋状袜跟。这个部段一般用平针组织,并需要加固,以增加耐磨性。袜头的结构和编织方法与袜跟相同。

　　袜脚由袜面与袜底组成。袜底容易磨损,编织时需要加入一根加固线,俗称夹底。近年来,随着产品向轻薄方向发展,袜底通常不再加固。编织花袜时,袜面一般织成与袜筒相同的花纹,以增加美观,袜底则无花纹。由于袜脚也呈圆筒形,所以其编织原理与袜筒相似。袜子的尺寸,即袜号,由袜脚的长度而定。

　　加固圈是在袜脚以后再编织 12～36 个横列(根据袜子大小和纱线粗细而不同)的平针组织,并加入一根加固线,以增加袜子牢度,这个部段俗称"过桥"。

　　袜头编织结束后还需编织一个线圈较大的套眼横列,以便在缝头机上缝袜头时套眼。然后再编织 8～20 个横列作为握持横列;该部段的作用是便于缝头机上套眼时用手握持操作,套眼结束后即把它拆除,俗称"机头线",一般用低级棉纱编织。

第二节　　单面圆袜编织

一、袜口的编织

　　单面袜子的袜口按其组织结构的不同可分为平针双层袜口、罗纹袜口、衬垫氨纶袜口、衬纬氨纶袜口四大类。罗纹袜口是先在计件小罗纹机上编织,然后借助套盘,人工将罗纹袜口的线圈一一套在袜机针筒的织针上,接着编织袜筒。衬垫氨纶袜口的编织方法与圆纬机编织同类结构相似。衬纬氨纶袜口是在地组织的基础上,衬入一根不参加成圈的氨纶纬纱。下面介绍平针双层袜口的编织方法:

　　长筒袜、中筒袜和短筒袜的袜口均有采用双层平针组织的,称为平针双层袜口,主要编织过程分为起口和扎口两部分。

（一）双片扎口针的起口和扎口

1. 起口和扎口装置的结构

采用带有双片扎口针（俗称哈夫针）的起口和扎口装置，如图7-2所示。1为扎口针圆盘，位于针筒上方；2为扎口针三角座；扎口针3水平地安装在扎口针圆盘的针槽中。扎口针圆盘1由齿轮传动，并与针筒同心、同步回转。扎口针3的形状如图7-3所示，由可以分开的两片薄片组成。扎口针的片踵有长短之分，其配置与针筒上的袜针一致，即长踵扎口针配置在长踵织针上方，短踵扎口针配置在短踵织针上方；扎口针针数为织针数的一半，即一隔一地插在织针上方。编织袜面部分的一半织针排短踵针（或长踵针），编织袜底部分的另一半织针排长踵针（或短踵针）。

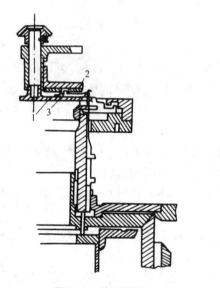

图7-3 扎口针

图7-2 扎口装置

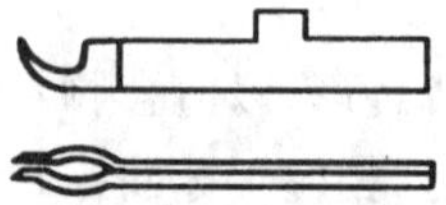

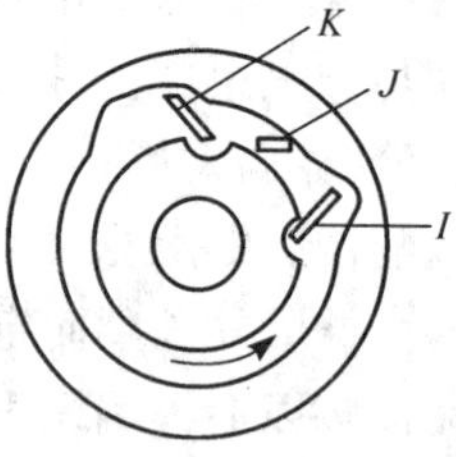

图7-4 扎口针三角座

扎口针三角座中的三角配置如图7-4所示。三角 I、J 和 K 控制扎口针在扎口针圆盘内做径向运动。三角 K 在起口时使扎口针移出，钩取纱线，故又称为起口闸刀。三角 I 和 J 在扎口移圈时起作用，使扎口针上的线圈转移到织针上，故也称为扎口闸刀。

在花袜机上编织平针双层袜口时，一般在针筒的针槽中自上而下配置织针、底脚片和提花片，利用提花片进行选针。某种花袜机的三角座展开图如图7-5所示。三角 A 作用在提花片的片踵上，使织针上升到退圈高度，织针经上中三角 B 压下并垫入纱线，然后沿弯纱三角 C 形成新线圈，三角 F、G 和 H 用于起口和扎口编织。

2. 起口过程

此时，织针一隔一地上升钩取纱线。当利用电子或机械选针装置作用于提花片来实现隔针选针时，见图7-5中(a)，未被选中的提花片在三角 A 的内侧通过，被选中的提花片沿三角 A 上升，使织针间隔上升形成两排。下面一排织针在三角 F 的作用下，沿三角 D 的下方通过，不垫纱，三角 G 和 H 此时退出工作。三角 F 起分级作用：在短踵针通过时，三角 F 进入一级，以不作用到短踵针为准，并准备对长踵针作用；当长踵针通过时（针筒的前半转），将下面一排长踵针压下，同时再进入一级，可以作用到短踵针；当随后短踵针通过时（针筒的后半转），将下面一排短踵针压下。因此，在针筒第一转中，只有那些升起的上面一排的织针垫入纱线，当这

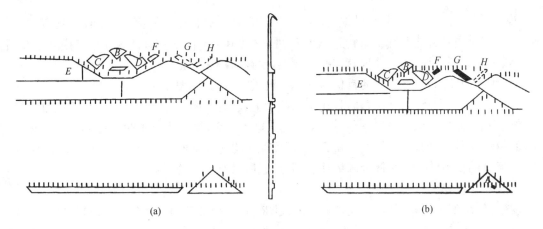

图 7-5　花袜机三角展开图

些织针通过镶板 E 时,沉降片前移,将垫上的纱线推向针筒中心方向,使纱线处于那些未升起的织针背后,形成一隔一垫纱,如图 7-6(a)所示。

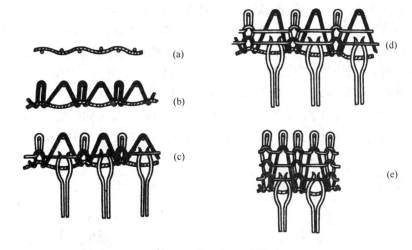

图 7-6　袜口起口过程

　　在编织第二横列时,导纱器对所有织针垫纱。为此,三角 G 必须在长踵针通过之前进入一级,这样在针筒第二转的前半转中(长踵针通过时),三角 G 作用于较低位置的长踵针,使它们上升,参加垫纱成圈,如图 7-5(b)所示,这时三角 F 退出一级。在针筒第二转的后半转中(短踵针通过时),三角 F 和 G 不对短踵针起作用,因为这两个三角都处在中间位置,于是下面一排短踵针沿着三角 D 上升。这样,所有织针在三角 B 和 C 的作用下钩取纱线,于是在上一横列被升起的织针上(奇数针)形成正常线圈,而在那些未被升起的织针上只形成不封闭的悬弧,如图 7-6(b)所示。

　　编织第三横列时,袜针仍是一隔一地升起。为此,三角 G 必须在长踵针通过之前退出一级,以便使长踵针分成上下两排,而三角 F 仍处于中间位置。当长踵针通过时,三角 F 又进入一级,随后压下较低位置的一排短踵针,从而使袜针一隔一地进行编织。针筒第三转时,扎口针开始起作用。这时,扎口针三角座中的三角 K(图 7-4)在长踵扎口针通过之前下降一级;待长踵扎口针通过时,三角 K 再下降一级。于是,所有扎口针受三角 K 的作用向圆盘外伸出,并伸入一隔一针的空档中钩取纱线,如图7-6(c)所示。三角 K 在针筒第三转结束时就停止起作用,也就是当长踵扎口针重新转到三角 K 处,它就退出工作。扎口针钩住第三横列纱线后,沿三角座的圆环边缘退回,并握持这些线圈,直至袜口织完为止。

编织第四横列时,针筒上的针仍是一隔一地进行编织,如图7-6(d)所示。

编织第五横列及以后的横列,是在全部袜针上成圈,如图7-6(e)所示。因此,在第五横列开始编织前,即当短踵针通过三角 G 时,三角 G 进入一级,当长踵针通过三角 G 时,三角 G 将下面一排长踵针上抬,使它们在三角 D 的上面通过;以后,在短踵针通过时,三角 F 和 G 退出工作,所有的长踵针和短踵针全部垫纱成圈,形成所需要长度的平针袜口。

3. 扎口过程

袜口编织到一定长度后,将扎口针上的线圈转移至袜针针钩上,将所织袜口长度对折成双层,这个过程称为扎口。扎口移圈时,扎口针三角座的三角 I 和 J(图7-4)与袜针三角座中的三角 H 和 G(图7-5)同时起作用。由于提花片的作用,使袜针一隔一地升起,在长踵针通过之前,三角 H 和 G 进入一级,处于中间位置。当长踵针通过时,三角 H 再进入一级,三角 G 仍停留在中间位置。在三角 H 的作用下,使未被升起的袜针下降到较低的位置,此时针头位于沉降片片鼻的同一水平面上,使带有线圈的扎口针有可能向外伸出。

同时,当短踵扎口针通过时,三角 I 和 J 下降一级,当长踵扎口针通过时再下降一级。三角 I 使扎口针移出,使扎口针的小圆孔处于受三角 H 的作用而下降的针头上方。以后,袜针沿右镶板右斜面上升,使针头穿入扎口针的小孔内,如图7-7所示。三角 J 将扎口针拦回,把扎口针上的线圈转移到袜针上。以后全部袜针沿三角 D 上升,进入编织区域。这时在一隔一的袜针上,除套有原来的旧线圈以外,还有一个从扎口针转移过来的线圈。在以后的编织过程中,两个线圈一起脱到新线圈上,将袜口对折相连。袜口扎口处的线圈结构如图7-8所示。

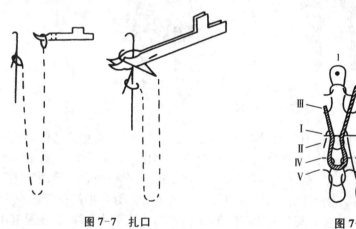

图7-7 扎口

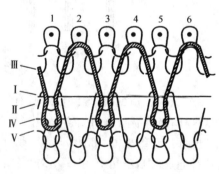

图7-8 扎口的线圈结构

袜口编织结束后,在编织袜筒时常常先编织几个横列的防脱散线圈横列。

(二)单片扎口针的起口和扎口

1. 起口和扎口装置的结构

高机号袜机采用单片扎口针的起口、扎口装置,如图7-9所示。1为扎口针盘,2为扎口针三角座,3为单片扎口针。单片扎口针的形状如图7-10所示,前端有弯钩,用来钩住纱线和收藏线圈。每枚扎口针上有片踵,且有长短踵之分,长短踵扎口针的配置方法为长踵袜针上方配置长踵扎口针,但长踵扎口针数量可少于扎口针总数的一半,视扎口针三角进出工作位置所需时间而定。扎口针间隔地配置在袜针上方。图 7-11 所示为扎口针三角座中的三角配置,三角 1 和 2 控制扎口针在槽中做径向运动,但它们仅在起口和扎口时进入工作。

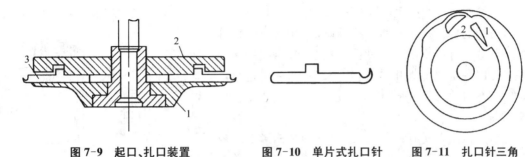

图 7-9　起口、扎口装置　　图 7-10　单片式扎口针　　图 7-11　扎口针三角

2. 起口过程

编织第一横列时,袜针一隔一地上升,垫入起口线 I。由于沉降片的作用,垫入的纱线被推向针筒中心,使纱线处于那些未被升起的袜针背后,形成一隔一的垫纱,如图 7-12(a)所示。

编织第二横列时,所有袜针上升,垫入纱线 II,如图 7-12(b)所示。

编织第三横列时,利用提花片进行一隔三选针,即第 1、5、9…袜针上升,编织纱线 III,而其余袜针未被升起。这时扎口针在三角 1 的作用下(图 7-11)伸出扎口盘,并垫上长浮线,如图 7-12(c)所示。三角 1 分级进入工作。

编织第四横列时,全部袜针上升,编织纱线 IV,编织平针线圈,直至形成所需要的袜口长度,如图 7-12(d)所示。

3. 扎口过程

袜口编织到规定长度后,扎口针的三角 1 和 2(图 7-11)分级进入工作位置,使扎口针重新伸出圆盘外。同时,袜针利用提花片进行一隔一选针,即第 1、3、5…袜针升起。这时,扎口针在三角 1 和 2 的作用下,伸出后又立即缩回,将起口时握持的长浮线套入一隔三的袜针上(图 7-13)。因为仅第 3、7、11…袜针可获取握持在两枚扎口针之间的浮线,而其余奇数袜针上方无浮线,因而形成一隔三的扎口移圈。以后全部袜针进入编织区域编织成圈,形成双层袜口。

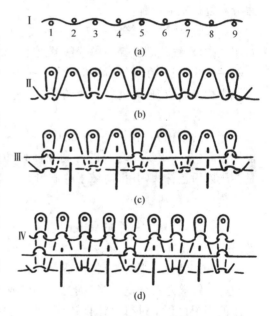

图 7-12　袜口起口装置

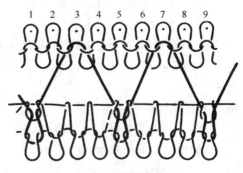

图 7-13　扎口的线圈结构

二、袜头和袜跟的编织

(一) 袜头和袜跟的结构

袜跟应编织成袋形,其大小要与人的脚跟相适应,否则袜子穿着时在袜背形成皱痕。

在圆袜机上编织袜跟,是在一部分织针上进行的,并在整个编织过程中进行收放针,以达到织成袋形的要求。在开始编织袜跟时,相应于编织袜面的一部分织针停止工作。针筒做往复回转,编织袜跟的织针先以一定次序收针,当达到一定针数后再进行放针,如图 7-14 所示。当袜跟编织完毕,那些停止工作的针又重新工作。

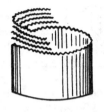

图 7-14 袜跟的形成

在袋形袜跟中间有一条跟缝,跟缝的结构影响着成品的质量,跟缝的形成取决于收放针方式。跟缝有单式跟缝和复式跟缝两种。

如果收针阶段针筒转一转收一针,放针阶段针筒转一转也放一针,则形成单式跟缝。在单式跟缝中,双线线圈脱卸在单线线圈之上,袜跟的牢度较差,一般很少采用。如果收针阶段针筒转一转收一针,在放针阶段针筒转一转放两针收一针,则形成复式跟缝。复式跟缝由两列双线线圈相连而成,接缝处所形成的孔眼较小,接缝比较牢固,故在圆袜生产中广泛应用。

袜头的结构和编织方法与袜跟相似。一般在编织袜头之前织一段加固圈,在袜头织完之后进行套眼横列和握持横列的编织,其目的是便于以后缝袜头,并提高袜子的质量。

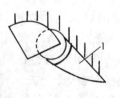

图 7-15 袜跟的展开图

(二) 袜跟的编织

图 7-15 所示为袜跟的展开图,将 ab 和 cd 分别与相应部分 be 和 df 相连接,将 ga 和 ie、ch 和 fj 相连接,即可得到袋形的袜跟。

在开始编织袜跟时,应将形成 ga 和 ch 部段的织针停止工作,其针数等于针筒总针数的一半,而另一半形成 ac 部段的织针,在前半只袜跟的编织过程中进行单针收针,直到针筒中的工作针数只有总针数的 1/5～1/6 为止,这样就形成前半只袜跟,如图中 a—b—d—c 部段。后半只袜跟从 bd 部段开始编织,这时利用放两针收一针的方法,使工作针数逐渐增加,以得到图中 b—d—f—e 部段组成的后半只袜跟。

1. 使袜面袜针退出编织的方法

(1) 利用袜跟三角(俗名"羊角")

以针筒键槽为中心,在键槽半周针筒上插短踵袜针编织袜底,另外半周针筒上插长踵袜针编织袜面。

在开始编织袜跟前,袜跟三角 1 向下回转,见图 7-16(a),并离开针筒一定距离,碰不到短踵袜针,但能将针筒上的长踵袜针(袜面针)升高,退出编织区。而短踵袜针仍留在原来的位置上,参加

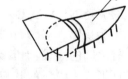

(a)   (b)

图 7-16 袜跟三角

袜跟部段的编织。当袜跟编织结束后,袜跟三角1向上转动,见图7-16(b),并靠近针筒,能对所有袜针针踵起作用,使退出工作的袜针全部进入工作。

（2）埋藏走针法

埋藏走针是指编织袜面的袜针不升起,而埋藏于三角座内做往复回转,不垫纱成圈。这种编织方法的优点是:省去了袜跟三角所占位置,因袜面袜针无需升高,防止了袜面上的一道油痕。

针筒上的袜针排列方法为有键槽半周的针筒上插中踵针,编织袜底;另外半周针筒上插特短踵针,编织袜面。在开始编织袜跟时,左右弯纱三角和左右活动镶板都远离针筒一定距离,因此这些三角和镶板只能作用到中踵针,碰不到特短踵针,编织袜面的特短踵针在三角座内做往复运行,不垫纱成圈。

2. 前一半袜跟（袜头）的编织方法

编织前一半袜跟（袜头）时,收针是在针筒每一回转中,将编织袜跟的袜针,两边各挑起一针,使之停止编织,直至挑完规定的针数为止。

挑针由挑针器完成,在袜针三角座的左/右弯纱三角后面,分别安装有左/右挑针架1,如图7-17(a)所示。左/右挑针杆2的头端有一个缺口,缺口的深度正好能容纳一个针踵。左右挑针杆利用拉板相连。编织袜跟时,针筒进行往复运转,因左挑针杆2的头端原处在左弯纱三角4上部的凹口内,如图7-17(b)所示,因此针筒倒转过来的第一枚短踵袜针便进入挑针杆头端凹口内,在针踵5的推动下,迫使左挑针杆2的头端沿着导板3的斜面向上中三角的背部方向上升,将这枚袜针升高到上中三角背部,即退出编织区。左挑针杆在挑针的同时,通过拉板使右挑针杆进入右弯纱三角背部的凹口内（在编织袜筒和袜脚时,右挑针杆的头端不在右弯纱三角背部的凹口内）,为下次顺转过来的第一枚短踵袜针的挑针做好准备。如此交替挑针,则完成前一半袜跟编织。

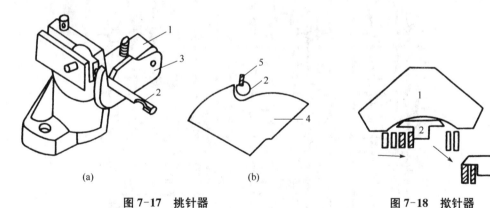

(a) 　　　　　　　　　(b)

图7-17　挑针器　　　　　　**图7-18　揿针器**

3. 后一半袜跟（袜头）的编织方法

编织后一半袜跟（袜头）时,要使已退出工作的袜针逐渐再参加编织,为此采用揿针器,如图7-18所示。它配置在导纱器座对面,其上装有一根揿针杆。揿针杆的头端呈"T"字形,其两边缺口的宽度只能容纳两枚针踵。在编织前一半袜跟或袜筒、袜脚时,揿针器退出工作,这时袜针从有脚菱角1的下平面及揿针头2的上平面之间经过。揿针器工作时,其头端位于有脚菱角1中心的凹势内,正好处于挑起袜针的行程线上。放针时,当被挑起的袜跟针运转到有脚菱角1的缺口处,最前的两枚袜针就进入揿针头2的缺口内,迫使揿针杆沿着揿针导板的弧形作用面下降,把两枚袜针同时撤到左或右弯纱三角背部等高的位置参加编织。当针筒回转一定角度后,袜针与撤针杆脱离,撤针杆借助弹簧的作用复位,准备另一方向回转时撤针。在放针阶段,挑针器仍参加工作。这样针筒转一转,撤两针、挑一针,即针筒每一往复,两边各放一针。

三、提花袜的编织

（一）提花袜的组织

提花组织是将各种颜色的纱线所形成的线圈,在织物表面进行适当的配置,从而形成各种不同图案花纹的一种组织。

在编织提花组织时,织针不一定在每个成圈系统中都成圈。在不成圈处,纱线呈延展线状留在织物的反面。旧线圈只是在成圈时从织针上脱下,不成圈时,新纱线不垫到织针上,同时旧线圈也不从织针上脱下。编织过程中,旧线圈受到牵拉,并在拉长线圈的背面带有延展线。这种拉长线圈称为提花线圈,将凸出在织物的表面,称为凸纹。织针在每个成圈系统都成圈时,所形成的线圈小而紧,相对凹于织物的表面,称为凹纹。在提花组织中,适当地配置小而紧的线圈,可以减少织物背面的延展线长度,以提高织物的横向延伸性。

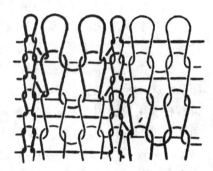

图 7-19　两色提花组织

在提花组织中,用两种颜色的纱线形成一个横列的称为两色提花组织,如图 7-19 所示;用三种颜色的纱线形成一个横列的称为三色提花组织,如图 7-20 所示。

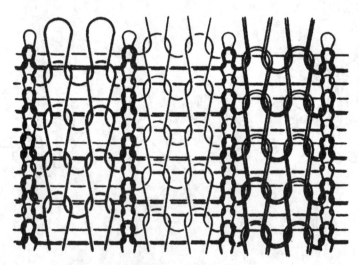

图 7-20　三色提花组织

（二）三色提花袜的编织

1. 三色提花袜机的主要成圈机件配置

（1）织针

Z503 型袜机使用中踵、短踵和特短踵三种织针。中踵织针配置于袜底位置;特短踵织针配置于袜面位置;短踵织针配置于中踵织针中间,便于选针刀进出。为了编织大袜跟,在特短踵织针的两边各换上若干枚中踵织针。

（2）底脚片

编织大袜跟时,袜面收放针部分插中踵底脚片,其余部分插短踵底脚片。

（3）提花片

提花片片脚分长、短、无三种。袜面部分全部插无脚提花片;袜底部分使用有脚提花片,其长脚和短脚的配置,视袜底抽条情况而定。

2. 编织三角的名称与作用

图 7-21 为 Z503 型袜机的三角装置展开图。一般以双向针三角座为第一喂线系统,又称为主系统;按针筒转向,依次为第二喂线系统、第三喂线系统。

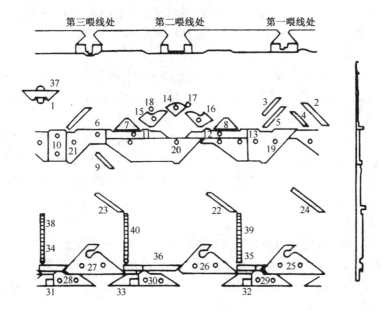

图 7-21　三角装置

（1）揿针头 1

在编织袜头、袜跟放针部位时进入工作。

（2）大袜跟超刀 2

在编织袜头开始时参加工作,其作用是将底脚片超刀 9 超起的中踵底脚片上方的中踵织针进一步超高,使参加袜面收放针部分的织针退出工作位置。

（3）大袜跟拦针闸刀 3

在编织袜头结束时起作用,把处于退出编织位置的袜面提针部分的中踵织针拦下,使之参加编织。

（4）夹底出花闸刀 4

在编织高跟和袜面加固部段时,既要织花又要加固。第三喂线处被选高的织针由夹底出花闸刀 4 再升高一步,使之既垫入底纱,又垫入加固线,在主色凸纹处形成双线圈。

（5）成圈闸刀 5 和 6

在编织提花部段时进入工作,是两个副吃线处的成圈闸刀。

（6）左活络镶板 7

在编织袜头、袜跟时进入一级，仅对中踵织针起作用，在针筒反转时，将中踵织针升起，沿左菱角背部运动，以利于退圈。

（7）右活络镶板 8

在编织提花部段时退出工作，编织袜头、袜跟时进入一级，仅对中踵织针起作用；编织其他部段时进足。其作用是针筒顺转时使织针升高，沿右菱角背部运行，以利于退圈。

（8）底脚片超刀 9

在编织袜头前进入工作，将中踵底脚片超高，使这些底脚片上面的中踵织针被送至大袜跟超刀，进一步超高后，退出工作。

（9）镶板 10、11、12 和 13

这几块为平针镶板，固定成圈织针的高度，并将成圈后的织针稍微升高，放松线圈。镶板 12 在针筒反转时起作用；镶板 10 可以拆下，便于调换底脚片。

（10）中菱角 14

一方面将织针拦到适当高度，使织针既可防止针舌在导纱器凹口内翻起，又可使织针顺利钩取纱线；另一方面还可接受挑针器挑起的织针，使之沿着中菱角背部继续上升，不参加编织。

（11）左菱角 15

左菱角是主要成圈三角，随编织部段的改变，它的进出位置做相应变化：在停车套罗口时退出工作；在编织袜头、袜跟时，向针筒方向进入一级，仅对中踵和短踵织针起作用；在编织其他部段时，向针筒方向进足，对所有织针起作用；在针筒正转时起弯纱成圈作用，在针筒反转时起退圈作用。

（12）右菱角 16

右菱角与左菱角对称配置，它的工作位置和左菱角一样，也能变换。右菱角在停车套口和编织提花部段时退出工作，编织袜头、袜跟时进入一级，编织其他部段时进足，在针筒正转时起退圈作用，在针筒反转时起弯纱成圈作用。

（13）左右挑针头 18 和 17

其作用是挑起织针，使其退出工作，挑针头只在编织袜头、袜跟时进入工作，其他部段不起作用。

（14）镶板 19、20 和 21

这几块为固定的底脚片压针镶板，其作用是将底脚片连同提花片一起压至起始位置，可以减少成圈三角和成圈闸刀的压力。

（15）抽条闸刀 22 和 23

在编织袜底部段时，如袜底的凹凸纹配置与袜筒部段不同时，则需要这两把闸刀进入工作，作用于长脚提花片，连同底脚片将织针顶起，进行垫纱成圈。由于抽条闸刀 22 和 23 与夹底闸刀 24 都对长脚提花片起作用，所以长脚提花片对应的织针在三个系统都垫纱成圈，形成凹纹。短脚提花片只与夹底闸刀发生作用，所对应的织针只在一个系统垫纱成圈，形成凸纹。如袜底凹凸纹与袜筒部段相同时，这两把闸刀可停止工作。

（16）夹底闸刀 24

在编织袜脚时进入工作，有脚提花片超起，顶起织针，使之垫上加固线。

（17）提花三角 25、26 和 27

经各选针机构选择后的提花片,分别走上相应的提花三角,顶起织针,使之垫纱成圈。提花三角上部有一径向斜面,当提花片将织针送到垫纱高度后,由斜面将提花片拦入针筒槽。

（18）纵向平针三角28、29和30

在选针前,提花片的片踵经过平针三角,使所有的提花片高度一致,保证提花刀与提花片齿的作用位置相对应。

（19）下拉三角31、32和33

在编织提花部段时参加工作,将提花片片踵、片齿推出针筒表面,以备选针。

（20）拦针板34、35和36

其作用是防止提花片脱离针筒槽。

（21）撤针头三角37

用于固定撤针头的工作位置,并能拦下因惯性而升得过高的织针。

（22）提花刀38、39和40

受选针片控制,将提花片打进或不打进。被打进的提花片,经提花三角内侧,织针不被升起,也不成圈;不打进的提花片,沿提花三角上升,顶起织针,使之吃线成圈。

四、绣花袜的编织

（一）绣花组织

绣花组织是添纱组织的一种,特点是地纱始终参加成圈,而添纱有规律地在某些织针上成圈,且形成的线圈处于织物正面,显示出花色效应,如图7-22所示。

绣花组织有单色和两色两种。单色绣花组织是在一个线圈纵行内,只能形成一种添纱颜色的线圈;两色绣花组织是在一个线圈纵行内,形成两种添纱颜色的线圈。添纱可在一个横列中垫放在一枚或几枚织针上,也可在某些横列中不进行垫纱。当添纱不进行垫纱时,纱线呈浮线状处于织物的反面。

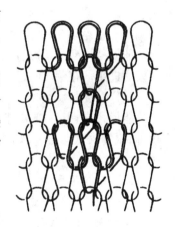

（二）绣花花袜的编织

Z507A型袜机既能编织两色绣花组织,又能编织网眼组织,还能编织绣花与网眼复合组织,是目前使用较普遍的添纱花袜机。

图7-22　绣花组织

1. Z507A型袜机的主要成圈机件配置

（1）织针

使用中踵和短踵两种,袜底包括袜面,提针部分用中踵,袜面部分用短踵。

（2）提花片

片踵有上片踵和下片踵,根据花型要求可以分两级运动。片脚有长、中、短三种,编织绣花部分排中脚,袜面收放针部分排长脚,袜底织绣花部分排短脚;织平针部分不排提花片。

2. 编织三角的名称与作用

图7-23为Z507A型袜机的三角装置展开图。

（1）撤针头1

其作用与提花袜机的撤针头作用相同。

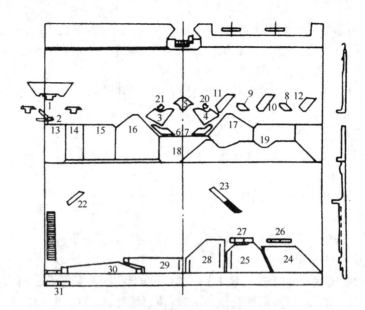

图7-23 绣花袜机三角装置

（2）退圈闸刀2

当右菱角退出工作或退出一级时,该闸刀进入工作,使织针退圈,但在编织袜头、袜跟时退出工作。

（3）左菱角3

能做径向调节,分进足、进一级和退出三级:套罗口时退出;织袜头、袜跟时进一级;织其他部段时进足。在顺转时起弯纱成圈作用,反转时起退圈作用。

（4）右菱角4

能做径向调节,亦分进足、进一级和退出三级:在套罗口和编织袜筒时退出;织袜头、袜跟、高跟和夹底时进一级;编织其他部段时进足。在顺转时起退圈作用,反转时起弯纱成圈作用。

（5）中菱角5

和提花袜机的中菱角作用相同。

（6）左右托针镶板6和7

左右菱角弯纱成圈时,防止织针蹿跳,有利于线圈均匀。

（7）起针闸刀8和9

在编织绣花时,经选针而升高的织针,通过该闸刀继续上升,以便垫上一区或二区绣花线。

（8）大袜跟压针闸刀10

在编织绣花时,将一区垫上绣花线的织针拦下到起始高度;在编织袜头、袜跟开始时退出工作,以保证超高或挑起的织针不参加编织;在编织袜头结束时进入工作,拦下袜面收放针部分被超高的织针。

（9）二区吊线压针闸刀11

将已垫上二区绣花线的织针拦下。它与闸刀9和10固定在同一滑座上,编织袜头、袜跟时一起做径向退出。

（10）压针闸刀12

将由退圈闸刀 2 超起的织针重新拦到起始高度,以备选针。在开始编织袜头时,使袜面收针部分的织针在针筒反转时走上其上平面而退出工作。

(11) 镶板 13、14 和 15

使底脚片在针筒槽中运动稳定。镶板 13 可以拆卸,便于调换底脚片。

(12) 左右起针镶板 16 和 17

它们是织针成圈后的起针镶板,在套罗口时使针头平齐;镶板 17 的下作用面还可拦下底脚片和提花片。

(13) 中镶板 18

用于拦下被网眼闸刀 23 超高或选针后升高的底脚片和提花片,使之恢复原位。

(14) 镶板 19

用于拦下被选针升高的底脚片和提花片,以减小织针拦下时的负荷。

(15) 左右挑针头 21 和 20

和提花机的挑针头作用相同。

(16) 压提花针闸刀 22

在编织绣花、网眼、夹底和袜头开始时进入工作。它分多级进出,分别将不同片踵的提花片压至下拉三角位置,以便于提花片下端推出,进行选针。

(17) 网眼闸刀 23

在织网眼时起作用。

(18) 一区吊线三角 24

经选针机构选针后的提花片,分别通过上片踵或下片踵走上该三角。当下片踵沿该三角上升时,将织针送至一区吊线处垫纱;当上片踵沿该三角上升时,将提花片送至二区吊线三角继续上升。

(19) 二区吊线三角 25

由上片踵走上一区吊线三角的提花片,经该三角继续上升,将织针送至二区吊线处垫纱。

(20) 拦针板 26 和 27

把走上调线三角完成选送织针作用的提花片拦入针筒槽。

(21) 挡板 28 和 29

将翘起的提花片拦入针筒槽。

(22) 平针三角 30

在分针或选针前,使提花片高度平齐。

(23) 下拉三角 31

将由压提花片闸刀压下的提花片沿径向推出,以备选针。

第三节　双针筒袜机

双针筒袜机编织袜子的组织结构为罗纹、凹凸、提花、绣花或其他复合组织等,具有弹性大、组织变化多、袜机自动化程度较高等特点。双针筒袜机编织袜子,袜口与袜身都在袜机上织成,下机后进行袜头缝合。在编织过程中,袜子可以袜头接袜口一只连一只地呈条带状,下机后分开而形成单只袜子。为了进一步提高袜机的自动化程度,现很多袜机采用单只落袜。下面以编织素袜的普通双针筒袜机为例,介绍袜机的结构与成圈机件:

一、双针筒袜机的一般结构

双针筒袜机的针筒部分及其成圈机件配置如图 7-24 所示。双针筒袜机的上下针筒呈 180°配置,图中 1 为上针筒,2 为下针筒,3 为双头舌针,4 为导针片(上下针筒都有导针片),5 为沉降片。当针筒运转时,插在上下针筒槽中的导针片,其片踵受固定三角轨道控制做上下运动,以便控制双头舌针成圈。双针头每一个针头的成圈过程与单针头舌针一样,但在编织过程中,双头舌针可以转移,即上针筒的舌针可以转移到下针筒,由编织反面线圈变为编织正面线圈;反之,舌针也可以由下针筒转移到上针筒,由编织正面线圈变为编织反面线圈。双针筒袜机不仅可以编织罗纹组织,也可通过选针使舌针按照花纹需要进行转移,织出由正反面线圈组成花纹的凹凸袜。采用三路不同颜色的纱线进线,由三个选针机构选针,可编织三色提花袜。如装有绣花线装置的袜机,经选针后可编织绣花袜。双针筒袜机的编织原理和双反面机类似。

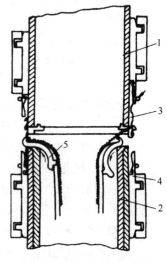

图 7-24 双针筒袜机的成圈机件配置

二、成圈机件

双针筒袜机的主要成圈机件有双头舌针、沉降片、栅状齿、导针片和导纱器等,由它们相互配合使纱线形成所需的线圈。

(一)双头舌针

双头舌针如图 7-25 所示,针杆两端各有一个舌针头,针杆上具有两个波峰。双头舌针配置在针筒的针槽内。双头舌针在下针筒受下针筒导针片控制编织正面线圈。可以根据织物组织的要求,从下针筒转移到上针筒,受上针筒导针片控制编织反面线圈。

(二)沉降片

如图 7-26(a)所示,其上有片鼻 1、片喉 2、片颚 3 和片踵 4。它配置在下针筒的沉降片座上,随针筒一起回转。同时,它受三角的作用,可做径向运动,起握持和牵拉下针筒线圈的作用。

在某些双针筒袜机上还采用护片,如图 7-26(b)所示,由片踵 6 和片顶 5 组成。护片与沉降片装在同一针槽内,但只在编织袜头和袜跟需要进行挑针的范围内安装,其相应的导针片片肩带有左向弯头或右向弯头。在编织袜头和袜跟挑针时,依靠导针片弯头的作用,抬起护片,其片顶封闭沉降片喉,以免在往复编织时片喉钩住余线。

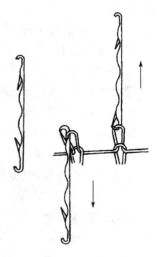

图 7-25 双头舌针

有些双针筒袜机上不用护片,在往复编织时,沉降片提前拦进;当最后一枚双头舌针垫上纱线后,沉降片片鼻接近针杆,利用片鼻把余线挡在片鼻上部。

（三）栅状齿

图7-27(a)所示的栅状齿由齿尖1、平面2和齿踵3组成，插在栅状齿盘的槽中，并用压片固定。栅状齿盘装于上针筒上，其支持平面代替沉降片片颚，起着对上针筒线圈的支持作用。上针筒线圈的牵拉由牵拉机构完成。

图7-27(b)所示为另一种袜机上使用的栅状齿，为了使栅状齿能更好地符合编织要求。譬如编织绣花添

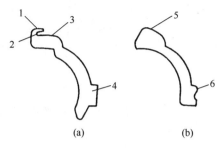

图7-26　沉降片

纱组织时要使上下针筒的间隙增大，使绣花导纱器垫纱，为此，栅状齿的齿踵可在栅状齿盘的槽中配合织针进行移动。

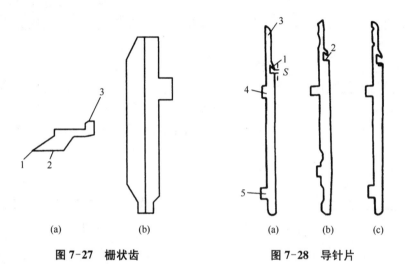

图7-27　栅状齿　　　　　　图7-28　导针片

（四）导针片

如图7-28所示，导针片由导针钩1、片肩2、导针头3、工作踵4及转移踵5组成，配置在上下针筒的针槽内。

导针钩1用以钩住舌针的针钩，与片肩2共同带动舌针做升降运动。舌针针钩通过导针口S进入或脱开啮合。导针头3的作用是防止针舌关闭。在转移过程中，导针头进入转移板，可使双头舌针与导针片脱钩。工作踵4受编织三角的作用进行成圈。转移踵5受到转移闸刀的作用，使双头舌针从一个针筒转移到另一针筒。导针片片尾略有弯曲。

目前常用的导针片有以下三种：

图7-28(a)所示的导针片片头进入转移后可以使织针脱钩。

图7-28(b)所示的导针片片头斜面与图7-28(a)相反，具有开启针舌的作用。当织针转移时，不再使用转移板，而是利用片尾受压使织针与导针片脱钩。

图7-28(c)所示的导针片片头带有左向或右向弯头，它作用在护片上，以便封闭沉降片片喉。

双针筒袜机上，导针片的工作踵分长、短两种，转移踵分长、中、短、无四种，可分别组合为八种导针片。

第四节　无缝内衣的编织

一、无缝内衣的结构与编织原理

传统的针织内衣(汗衫、背心、短裤等)的生产,都是先将坯布裁剪成一定形状的衣片,再缝制成最终产品。因此,在内衣的两侧等部位具有缝迹,对内衣的整体性、美观性和服用性能都有一定的影响。

无缝针织内衣是 20 世纪末发展起来的新型高档针织产品,其加工特点是在专用针织圆机上一次基本成型,下机后稍加裁剪、缝边及后整理,成为无缝的最终产品。无缝针织内衣产品除了一般造型的背心和短裤等外,还包括吊带背心、胸罩、护腰、护膝、高腰缩腰短裤、泳装、健美装和休闲装等。

无缝内衣专用针织圆机是在袜机的基础上发展而来的,其特点为:一是具有袜机除编织袜头及袜跟之外的所有功能,并增加了一些机件,以编织多种结构与花型的无缝内衣;二是针筒直径较袜机大,一般为 254～432 mm(10～17 英寸),以适应各种规格产品的需要。

现以简单的单面无缝三角短裤为例,说明其结构与编织原理。图 7-29 显示了一种三角短裤的外形;图中(a)为无缝圆筒形裤坯结构的正视图,(b)和(c)分别为沿圆筒形两侧剖开后的前片和后片视图。

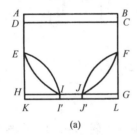 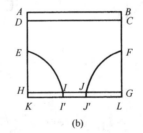 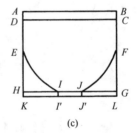

图 7-29　无缝针织短裤结构

编织从 A—B 段开始。A—B—C—D 段为裤腰,采用与平针双层或衬垫双层袜口类似的编织方法,通常加入橡筋线进行编织。C—D—E—F 段为裤身,为了增加产品的弹性、形成花色效应和成型的需要,一般采用两根纱线编织,其中地纱多为较细的锦纶弹力丝/氨纶包芯纱等,织物结构可以是添纱(部分或全添纱)、集圈、提花等组织。E—F—G—H 段为裤裆,其中 E—F—J—I 部分采用双纱编织,原料与结构同 C—D—E—F 段,而 E—I—H 和 F—J—G 部分仅用地纱编织平针。G—H—K—L 为结束段,采用双纱编织。圆筒形裤坯下机后,将 E—K—I' 和 F—L—J' 部分裁去并缝上弹力花边,再将前后的 I—J 段缝合(其中 I—J—J'—I'—I 为缝合部分),便形成一条无缝短裤。业内有人称这种产品为全成型内衣。但这与前面所述的通过收放针方法生产的全成型产品有着完全不同的概念,需注意区分。

尽管无缝针织内衣不是真正意义上的全成型产品,但它具有工艺流程短、生产效率高,以及无缝和整体性好等优点,尤为适合生产贴身或紧身内衣类产品。

二、无缝内衣针织圆机的结构与工作原理

电脑控制无缝内衣针织圆机分单针筒和双针筒两类,可分别生产单面和双面无缝针织产品。下面介绍某种单针筒无缝内衣针织圆机的主要机件配置与工作原理:

（一）编织机件

1. 织针

如图 7-30(a)所示,针踵分长、短两种,便于三角在机器运转过程中径向进出控制,以适合不同织物组织的编织。在针筒的同一针槽中,自上而下安插着织针、中间片(也称为挺针片)和选针片(也称为提花片)。

2. 沉降片

沉降片如图 7-30(b)所示,插在沉降片槽中,与针槽相错排列,配合织针进行成圈。片踵分高低两种,高片踵沉降片可用来编织毛圈组织。

3. 哈夫针

采用单片式哈夫针,如图 7-30(c)所示。哈夫针仅在编织产品的下摆时或腰部等起始部段的起口与扎口时进入工作。

4. 中间片

如图 7-30(d)所示,中间片装在针筒上,位于织针和选针片之间,起传递运动的作用,可将织针升高或将选针片压下,供下一个电子选针器进行选针。

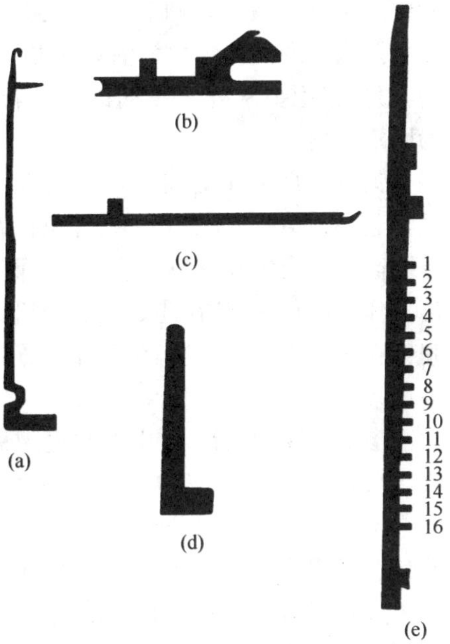

5. 选针片

选针片如图 7-30(e)所示,共有 16 档齿,每片选针片上仅留一档齿。16 片留下不同档齿的选针片,在机器上呈"/"(步步高)排列;受相对应的 16 把电磁选针刀的控制,进行选针。

图 7-30　编织机件

（二）选针装置

该机采用 8 个喂纱编织系统。每一系统有两个电子选针装置。图 7-31 所示的选针装置共有上下平行排列的 16 把电磁选针刀。每把选针刀片受一双稳态电磁装置的控制,可摆到高低两种位置。当某一档选针刀片摆到高位时,可将留同一档齿的选针片压入针槽,使其片踵不沿选针片三角上升,故其上方的织针不被选中。当某一档选针刀片摆至低位时,不与留同一档齿的选针片齿接触,选针片不被压入针槽,片踵沿选针片三角上升,其上方的织针被选中。双稳态电磁装置由计算机程序控制,可进行单针选针,因此,花型的花宽和花高不受限制,在总针数范围内可随意设计。

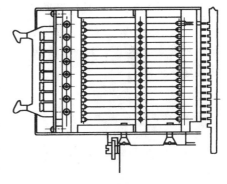

图 7-31　选针装置

（三）三角装置及其作用

图 7-32 为该机一个成圈系统的三角装置展开
图。1～9 为织针三角，10 和 11 为中间片三角，12
和 13 为选针片三角，14 和 15 分别为第一和第二选
针区的选针装置。该机在每一成圈系统有两个选
针区。图中的黑色三角为活动三角，可以由程序控
制，根据编织要求处于不同的工作位置；其他三角
为固定三角。

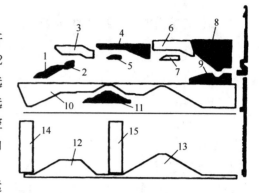

图 7-32　三角装置展开图

集圈三角 1 和退圈三角 2 可以沿径向进出运
动，当它们都进入工作时，所有织针在此处上升到
退圈高度。当集圈三角 1 进入工作而退圈三角 2 退
出工作时，所有织针在此处只上升到集圈高度。而当集圈三角 1 和退圈三角 2 都退出工作时，
织针在此处不上升，只有在选针区通过选针装置来选针编织，未被两个选针装置选中的选针片
被压入针槽，对应的织针不上升。

参加成圈的织针，在上升到退圈最高点后，在收针三角 3、4、6 和成圈三角 8 的作用下下
降，垫纱成圈。收针三角 3、4 和 6 还可以防止织针上蹿；其中三角 4 和 5 为活动三角，可沿径
向进出运动。当它们退出工作时，在第一个选针区被选中的织针在经过第二个选针区时，仍然
保持在退圈高度，直至遇到第二个选针区的收针三角 6 和成圈三角 8 时，才被压下。

成圈三角 8 和 9 可受步进电动机驱动做上下移动，以改变弯纱深度，从而改变线圈长度。
在有些型号的机器上，奇数路上成圈三角也可以沿径向运动，进入或退出工作。这时两路只用
一个偶数路上的成圈三角进行弯纱成圈。

中间片三角 10 为固定三角，它可以将被选中上升的中间片压回到起始位置，也可以防止
中间片向上蹿动。中间片挺针三角 11 作用于中间片的片踵上，当中间片挺针三角 11 径向进
入工作时，中间片沿其上升，从而推动在第一个选针器处被选中的处于集圈高度的织针继续上
升到退圈高度；当选针片三角 12 和 13 位于针筒座最下方时，为固定三角，可分别使被选针装
置 14 和 15 选中的选针片沿其上升，从而通过其上的中间片推动织针上升。其中选针片三角
12 只能使被选中的指针上升到集圈高度，而选针片三角 13 可使织针上升到退圈最高点。

当集圈三角 1、退圈三角 2 和中间片挺针三角 11 都沿径向退出工作时，利用选针装置 14
和 15 以及选针片三角 12 和 13，可以在一个成圈系统实现三功位选针：选针装置 14 和 15 都不
选中的织针不编织；仅被选针装置 14 选中的织针成圈；仅被选针装置 15 选中的织针成圈。

此外，该机每一成圈系统装有八个导纱器（图中未画出），每个导纱器都可以根据需要由程
序控制进入或退出工作。一般，第 1、2 号导纱器穿地纱，第 3 号导纱器穿橡筋线，第 4～8 号导
纱器穿花色纱。

第八章　横机成型产品的编织

第一节　横机的编织原理

横机的产品为一般羊毛衫。羊毛衫一般由衣片组成,羊毛衫衣片的编织主要在横机上完成。横机的类型主要有机械式横机和电脑横机两类,针床长度为 500~2 500 mm,机号为 3~18,特殊用途的横机的机号可达到 23~26。

一、普通横机的编织原理

(一)编织机构的结构

普通横机的编织机件配置如图 8-1 所示。

前针床 1 和后针床 2 对称配置,它们之间的夹角一般为 97°;前后针床上插有舌针 3、舌针 4,舌针靠压针条 5 定位,防止舌针上下蹿跳。由于横机是一种往复运动的双针床针织机,为了满足两个针床的织针在往复运动中都能成圈,必须具有四组成圈三角系统(如果需要编织特殊花型,还需要更多组的成圈三角)。前后针床的三角一般是同类的,每一针床的左右三角基本上是对称的。

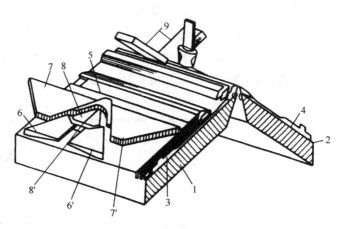

图 8-1　普通横机编织机件的配置

三角分为平式三角和花式三角。平式三角是最基本,也是最简单的三角结构。它由起针三角、挺针三角、压针三角、导向三角组成,结构通常是左右完全对称的。

如图 8-1 所示,左右起针三角 6 和 6′(俗称蝴蝶三角)呈斜面状(从三角对称中心向两边倾斜),靠装在起针三角 6 和 6′内部的弹簧将斜面抬起。斜面高度有三种位置:第一,三角处于工作位置,可对所有织针起作用;第二,三角压下一级,处于半工作位置,只对高踵舌针作用,对低踵舌针不起作用;第三,三角处于不工作位置,对高低踵舌针均不起使用。

左右挺针三角 8 和 8′也是呈一斜面,并有三种位置,和起针三角类似。在它上方是导向三角(俗称眉毛三角)。

左右压针三角 7 和 7′,可上下移动调节密度。

导纱器装在前后针床的中上方,两把毛刷 9 分别控制前后针床的针舌,防止针舌反拨而关闭针口,使纱线无法垫入。

花式三角可根据所要实现的选针编织功能进行设计,采用不同的结构。最常用的是二级花式横机和三级花式横机的三角结构。花式三角的工作原理是采用针踵长度不同的舌针,在机头的每个行程中,按花色要求使三角沿垂直于其平面的方向进入、半退出或完全退出工作位置,以达到成圈、集圈和不编织选针的目的。图8-2显示了这种三角系统中活动三角(一般为起针或挺针三角)的底平面相对于针床平面有三种位置。在第一种位置A,三角完全进入工作,长短踵针均参加编织。在第二种位置B,三角退出一半工作位置,它的底平面高于短踵上平面,但低于长踵上平面,因此只能作用到长踵针使其参加编织,短踵针从三角底平面下通过,不参加编织。在第三种位置C,三角完全退出工作位置,长短踵针都不参加编织。图中所示的是普通横机上采用的嵌入式三角开关装置,手柄转动到Ⅰ、Ⅱ、Ⅲ位置时,分别对应三角完全进入、半退出和完全退出工作位置。

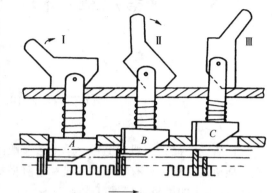

图8-2　进出式选针三角的三种位置

（二）走针轨迹

横机常用的几种走针轨迹如图8-3所示。图8-3(a)为编织罗纹组织时的走针轨迹。从图中可看出,在编织罗纹组织时,前后针床的三角全处于工作位置。

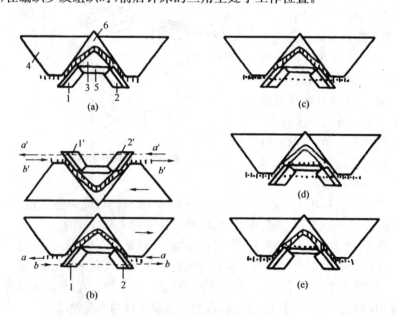

图8-3　横机常用的几种走针轨迹

图8-3(b)为编织圆筒形平针组织时的走针轨迹。从图中可看出,编织平针组织时前针床的起针三角1和后针床的起针三角$2'$退出工作位置。当机头向右移动时,前针床的舌针沿a

箭头方向参加编织,后针床的舌针沿 a' 箭头方向不参加编织;当机头向左移动时,前针床的舌针沿着 b 箭头方向不参加编织,后针床的舌针沿 b' 箭头方向参加编织;结果编织出圆筒形平针织物。

图 8-3(c)表示起针三角退出一级,即退出工作位置的 1/2,起针三角只能对高踵针作用,对低踵针不起作用,舌针一隔一成圈编织。

图 8-3(d)表示起针三角退出一级,挺针三角全部退出工作位置;此时,高踵针编织集圈组织,低踵针不参加编织工作。

图 8-3(e)表示起针三角处于工作位置,挺针三角退出一级;此时,高踵针参加成圈编织,低踵针编织集圈组织。

二、电脑横机的编织原理

电脑横机是通过电脑控制器,向各执行元件(伺服电动机、步进电动机、电子选针器、电磁铁等)发出动作信号,驱动有关机构与机件实现与编织有关的动作。

(一)编织机构的结构

1. 成圈与选针机构

(1)舌针

与手摇横机一样,电脑横机主要采用舌针作为织针。为了便于在前后针床上进行移圈,除了普通舌针的特点之外,电脑横机所采用的舌针还带有一个扩圈片,在移圈时,一个针床上的织针可以插到另一个针床上织针的扩圈片中。

(2)中间片

中间片 3 作用于挺针片 2。中间片上有两个片踵,下片踵受到选针片 4 的作用,使上片踵可处于 A、B、C 三种位置,分别如图 8-4 中(a)、(b)和(c)所示。当中间片 3 处于 A 位置时,由于受到压片三角 8 的作用,挺针片 2 的片踵被压入针槽,织针不参加编织。当中间片 3 受选针片 4 的作用被推到 B 位置或 C 位置时,挺针片 2 的片踵从针槽中露出,参加编织。其中,处于 B 位置时,织针集圈或接圈;处于 C 位置时,织针成圈或移圈。

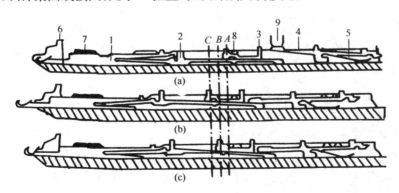

图 8-4　舌针与选针机件的配置

(3)选针片

选针片 4 直接受电磁选针器 9 作用,以决定中间片 3 处于 B 位置或 C 位置。在机头的每次横移中,所有织针被压入针床,同时所有选针片受选针器选针一次。如果不选针,选针片 4

的下片踵没入针槽,不上升,其对应的织针不参加工作;如果选针,选针片 4 的下片踵在弹簧 5 的作用下,其尾部摆出针槽并上升,其对应的织针参加工作。

（4）沉降片

沉降片 6 位于针床齿口部分的沉降片槽中,并配置在两枚织针中间,两针床的沉降片相对排列。机头中的沉降片三角控制沉降片片踵,使沉降片前后摆动。沉降片的工作原理如图 8-5 所示。当织针 1 上升退圈时,前后针床的沉降片 2 闭合,握持住旧线圈的沉降弧,防止旧线圈随织针上浮,如图 8-5（a）所示;当织针下降弯纱成圈时,前后针床的沉降片 2 打开,以避免阻挡新线圈的形成,如图 8-5（b）所示。

2. 三角系统

电脑横机的机头内可以安装多个编织系统,每个三角系统都可独立工作,工作与否取决于编织工艺和程序设计。图 8-6 所示为一个三角系统的平面结构图,浅色阴影区域为固定三角,深色阴影区域为活络三角。1 为

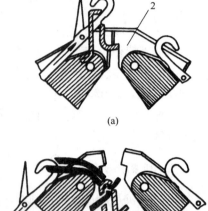

(a)

(b)

图 8-5　沉降片的结构与工作原理

起针三角,被固装在三角底板上,作用是将织针推到集圈或成圈位置。2 为接圈三角,它和起针三角 1 同属一个整体,可使被选上的挺针片沿其上升,将织针推到接圈高度。挺针片压针三角 3 除起压针作用外,还有移圈三角的功能。当挺针片沿移圈三角上平面上升时,可将织针推到移圈高度。压针三角可以通过步进电动机在程序的控制下进行无级调节,以得到合适的弯纱深度。挺针片导向三角起导向和收针作用。上下护针三角 5 和 6 起护针作用时,上护针三角还起压针作用。集圈压条 7 和接圈压条 8 是作为一体的活动件,可上下移动,作用于中间片的上片踵,分别在集圈位置或接圈位置将中间片的上片踵压入针槽,使挺针片和织针在该位置

不再退圈,而是进行集圈或接圈。

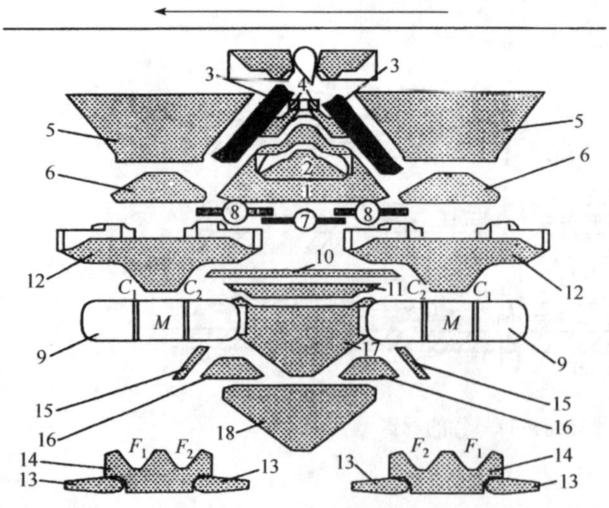

选针器由永久磁铁及选针点 C_1 和 C_2 组成,选针点可通过电信号的有无使其有磁和消磁。选针前,先由永久磁铁 M 吸住选针片的片头,当选针点移动到选针片片头位置时,如果选针点没有被消磁,选针片头仍然被吸住,织针没有被选上,不工作;如果选针点被消磁,选针片头被释放,相应的织针被选上,参加工作。中间片三角 10 和 11 可使中间片下片踵形成三个针道:当中间片的下片踵沿三角 10 的上平面运行时,织针处于成圈或移圈位置;当中间片的下片踵在三角 10 和 11 之间通过时,织针处于集圈或接圈

图 8-6　三角系统的平面结构

位置;如果中间片的下片踵在三角 11 的下面通过,则织针始终处于不工作位置。12 为中间片复位三角,它作用于中间片的下片踵,使中间片回到起始位置,如图 8-4 所示的位置。

选针片复位三角 13 作用于选针片的尾部,使选针片片头摆动出针槽,由选针器 9 吸住,以便进行选针。选针三角 14 有两个起针斜面 F_1 和 F_2,作用于选针片的下片踵,分别把在第一选针点 C_1 和第二选针点 C_2 被选上的选针片推入相应的工作位置。选针片挺针三角 15 和 16 作用于选针片的上片踵,把由选针三角 14 推入工作位置的选针片继续向上推;其中,三角 15 作用于第一选针点选上的选针片,三角 16 作用于第二选针点选上的选针片,分别把相应的挺针片推至成圈(或移圈)位置和集圈(或接圈)位置。选针片压针三角 17 可作用于选针片的上片踵,把沿三角 15 和 16 上升的选针片压回到初始位置。该横机的三角系统设计十分巧妙,除挺针片压针三角 3、集圈压条 7 和接圈压条 8 可以上下移动外,其余三角都是固定的,使机器的工作精度更高,运行噪音和机件损耗更小。

(二)编织与选针原理

1. 成圈

如图 8-6 和图 8-7 所示。选针片在第一选针区被选上,选针片的下片踵沿选针上三角的 F_1 面上升;上片踵沿三角 15 上升,从而推动它上面的中间片的下片踵上升到三角 10 的上方,并沿其上表面通过;中间片的上片踵在压条 8 的上方通过,始终不受压;相应的挺针片片踵一直沿三角 1 的上表面运行,使其上方的织针上升到退圈最高点,从而成圈。图中 K、K_H 和 K_B 分别为挺针片片踵、中间片上片踵和中间片下片踵的运动轨迹。

2. 集圈

如图 8-6 和图 8-8 所示。选针片在第二选针区被选上,选针片下片踵沿选针三角的 F_2 面上升;上片踵沿三角 16 上升,从而推动它上面的中间片的下片踵上升到三角 10 和 11 之间,并沿其间隙通过;中间片的上片踵在经过压条 7 时,被压条 7 压入针槽,从而将挺针片片踵压入针槽,使挺针片在上升到集圈高度时不能再沿三角 1 上升,只能在三角 1 的内表面通过,形成走针轨迹 T,其上方的织针集圈。图中 T_H 和 T_B 分别为中间片上片踵和下片踵的运动轨迹。

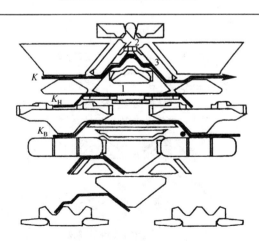

图 8-7 成圈走针轨迹

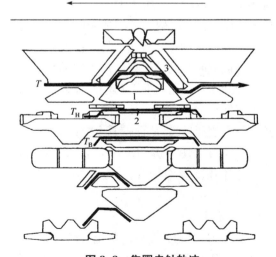

图 8-8 集圈走针轨迹

3. 不编织

在两个选针区都没有被选上的选针片,不会沿三角 14 上升,从而也不会推动中间片离开它的起始位置;中间片始终被压条 8 压住,这样挺针片片踵也不会翘出针槽,不会沿三角上升,只能在三角的内表面通过,所以其上方的织针不参加编织。图 8-9 中 F、F_H 和 F_B 分别表示挺针片片踵及中间片的上、下片踵的走针轨迹。

在编织过程中,如果有些选针片在第一选针区被选上,有些选针片在第二选针区被选上,有些选针片在两个选针区都不被选上,就会形成三条走针轨迹,分别为成圈、集圈和不编织,即三功位选针,如图 8-10 所示。

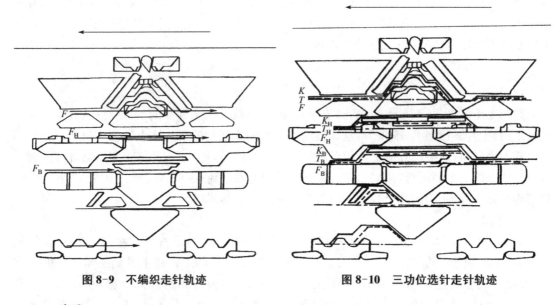

图 8-9　不编织走针轨迹　　　　图 8-10　三功位选针走针轨迹

4. 移圈

移圈是将一枚织针上的线圈转移到另一枚织针上的过程。在电脑横机上,为了更好地说明,把这个过程进行分解,将给出线圈的织针称为移圈,而接受线圈的织针称为接圈。如图 8-11 所示,移圈时的选针与成圈时相似,选针片也是在第一选针区被选上,选针片和中间片都走与成圈时相同的轨迹。所不同的是,此时的挺针片压针三角 1 向下移动到最低位置,挡住了挺针片片踵进入三角,使其只能沿压针三角 1 的上表面通过,从而使其上方的织针上升到移圈高度。图 8-11 中 D、D_H、D_B 分别表示挺针片片踵及中间片的上、下片踵的走针轨迹。

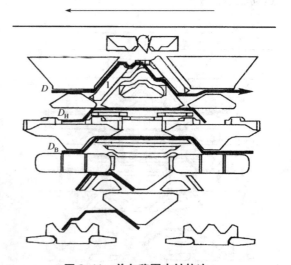

5. 接圈

图 8-12 所示为接圈时的走针轨迹。图中 R、R_H 和 R_B 分别表示挺针片片踵及中间片的

图 8-11　单向移圈走针轨迹

上、下片踵的走针轨迹。接圈时,选针片在第二选针区被选上,与集圈选针相同;但此时集圈压条5和接圈压条6下降一级,这样被推上的中间片上片踵在一开始就受到左边的接圈压条6的作用,被压入针槽,并将挺针片片踵也压入针槽,使其不能沿下降的压针三角3上升,只能在三角的内表面通过。当运行到中间位置离开接圈压条6后,中间片和挺针片被释放,挺针片片踵露出针槽,沿接圈三角2的轨道上升,其上的织针上升到接圈高度,使针头正好进入对面针床上织针的扩圈片中。当移圈针下降后,就将线圈留在接圈针的针钩内。随后,另一块接圈压条8重新作用于中间片的上片踵,挺针片的片踵再次沉入针槽,以免与起针三角相撞,并且不受压针三角3的影响。走过第二块接圈压条后,挺针片片踵再次露出针槽,经三角4压到起始位置,完成接圈动作。

6. 双向移圈

在机头的一个行程中,在同一成圈系统也可以有选择地使前后针床上的织针上的线圈相互转移,即有些针上的线圈从后针床向前针床转移,有些针上的线圈从前针床向后针床转移,这样就形成双向移圈。双向移圈的走针轨迹如图8-13所示,其中实线为移圈轨迹,虚线为接圈轨迹。此时,有些选针片在第一选针区被选上,其上的织针进行移圈;有些选针片在第二选针区被选上,其上的织针进行接圈;在两个选针区都没有被选上的选针片,其上面的织针既不移圈也不接圈。

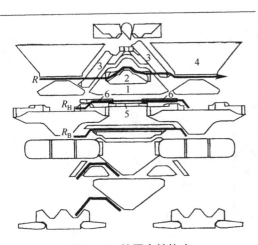

图8-12　接圈走针轨迹

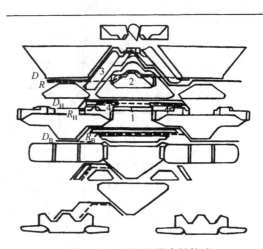

图8-13　双向移圈走针轨迹

第二节　横机成型产品与编织工艺

一、纬编基本组织在横机上的编织

(一)纬平针组织

纬平针组织在横机上主要用作衣片的大身部段。其编织方法有两种,一是在一个针床上编织,二是在两个针床上轮流编织,可形成圆筒形织物。

（二）罗纹组织

罗纹组织在横机上主要用于大身、衣片下摆、袖口、领口和门襟等。其类型有1＋1罗纹（分满针罗纹或一隔一抽针罗纹）和2＋2罗纹组织等。满针罗纹的编织是前后针床针槽交错,所有织针均参加工作,如图8-14(a)所示。一隔一抽针罗纹的编织是前后针床针槽相对,织针一隔一交错,如图8-14(b)所示。

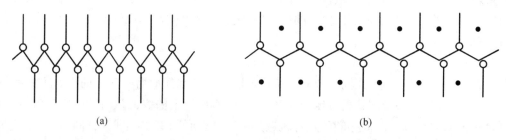

（a）　　　　　　　　　　　　　　（b）

图8-14　罗纹组织

（三）双反面组织

在横机上编织双反面组织,是通过前后针床的织针上的线圈相互转移来实现的,如席纹组织、桂花针,分别如图8-15(a)和(b)所示。

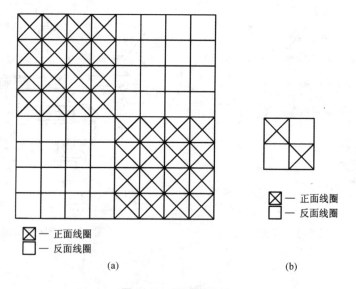

⊠ — 正面线圈
☐ — 反面线圈

⊠ — 正面线圈
☐ — 反面线圈

（a）　　　　　　　　　　　　　　（b）

图8-15　双反面组织

二、纬编花色织物在横机上的编织

（一）空气层类织物

空气层类织物有四平空转织物（罗纹空气层组织,图8-16）和三平织物（罗纹半空气层组织）等。四平空转织物是由一个横列的满针罗纹（四平）和一个横列的前后针床轮流编织的平针(空转)组成的,具有织物厚实挺括、横向延伸性小、尺寸稳定、表面有横向隐条的特点。

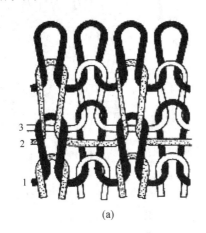

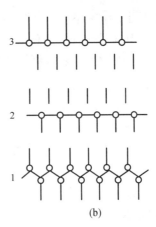

图 8-16　罗纹空气层组织

三平织物是由一个横列的四平和一个横列的平针组成的,织物两面具有不同的密度和外观(图 8-17)。

（二）集圈类织物

集圈类织物分为单面和双面集圈两种。单面集圈织物形成各种凹凸网眼结构,有凸起的悬弧效果(又称胖花)。双面集圈织物形成畦编(又称双元宝针或双鱼鳞组织)和半畦编(又称单元宝针或单鱼鳞组织,图 8-18)。

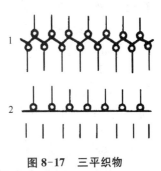

图 8-17　三平织物

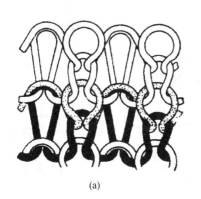

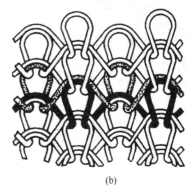

图 8-18　集圈织物半畦编

（三）移圈类织物

移圈类织物分为双面移圈织物和单面移圈织物。相邻纵行线圈之间的转移可形成移圈网眼织物,相邻纵行线圈相互交换位置可形成绞花效应(图 8-19)。

移圈类织物的形成方法有两种:一种是采用手摇横机,利用移圈板来进行前后针床的织针之间和同一针床的相邻纵行之间的线圈转移;另一种是采用电脑横机,利用移圈针来进行前后针床的织针之间的线圈转移,而同一针床的相邻织针之间的线圈转移则通过与横移针床相结合来完成。

（四）波纹组织（又称扳花组织）

波纹组织是由倾斜线圈形成波纹状花纹的双面纬编组织。通过前后针床的织针之间位置的相对移动，使线圈倾斜，在双面地组织上形成波纹状的外观效应。

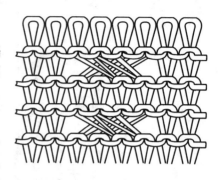

图 8-19　单面绞花纱罗组织

三、横机成型产品的编织工艺

（一）衣坯的起口

在无旧线圈的空针上直接垫纱编织第一横列线圈的过程称为起口。在空针上起头时，起头的方式有毛起头和纱起头。毛起头直接采用衣片所用纱线编织起口横列；纱起头在起口时用废纱，编织一定横列后，换用正式纱线进行编织，衣坯下机后将废纱段拆除，形成罗纹光边。

如图 8-20 所示，毛起头的起头顺序为：①织针 1 一隔一交替排针，针舌全部开启；②机头横移，垫纱、弯纱；③将起底板 3 上的眼子针 2 自下向上插入针间，并使针眼高于起底纱，将钢丝 4 从一端逐一穿入眼子针；④放下起底板，在起底板上挂上重锤；⑤衣片编织结束，下机后抽出钢丝，形成光边。

如图 8-21 所示，纱起头的顺序为：①使一个针床上的舌针 1 上垫纱；②用起针梳钩子 2 在针间钩住纱线，并施加一定的张力；③下一行程中垫入纱线形成线圈横列，连续编织 3～5 个横列后，使另一针床上的织针进入工作，换上衣片所用的纱线进行编织。

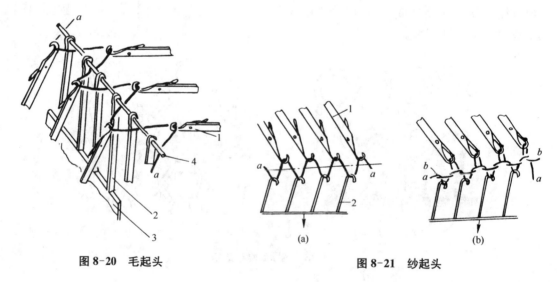

图 8-20　毛起头　　　　　　　　**图 8-21　纱起头**

（二）翻针

将一个针床的针上的线圈转移到另一个针床的针上的过程称为翻针。在手摇横机上，用专门的移圈器或翻针器，用手工的方式将线圈进行转移。在电脑横机上，通过程序控制，利用移圈针，在两个针床处于移圈对位的情况下，将一个针床上的线圈转移到另一个针床上。

（三）成型方式

改变幅宽可以通过组织结构变化、改变织物密度、增减工作针数，以达到所要求的形状。

1. 减针

减针是指通过各种方式来减少参与编织的织针数，从而达到缩减织物宽度的目的。减针的方法有收针（移圈式收针）、拷针（脱圈式收针）和持圈式收针。

收针是将退出工作的织针上的线圈转移到相邻织针上，并使其退出工作，从而减少参加工作的针数，缩减织物宽度。收针的类型有明收针和暗收针（图 8-22）。明收针是指移圈的针数等于要减少的针数，在织物边缘形成由退出工作的织针 1 上的线圈 2 和原来织针上的线圈重叠的效果。这种收针方式会使织物边缘变厚，不利于缝合，也影响缝合处的美观。暗收针是指移圈的针数多于要减少的针数，边缘不形成重叠线圈，便于缝合，边缘更加美观。

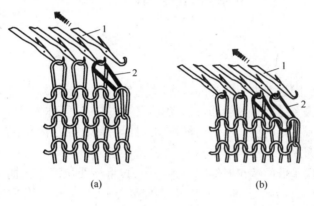

(a)　　　　　　　　(b)

图 8-22　收针

拷针是把线圈直接从织针上脱下，使织针退出工作。拷针方法简单、效率高，但线圈易脱散。

持圈式收针是指织针退出工作，线圈既不转移也不脱针，仍保留在针钩内。其收针缝合处平滑，没有收针花，用于局部编织和形成立体结构。

2. 放针（加针）

放针是指通过各种方式来增加参加工作的织针数，以达到使织物加宽的目的。放针方法有明放针和暗放针（图 8-23）。明放针是直接使需要增加的织针 1 进入工作；暗放针是使所增加的织针 1 进入工作后，将织物边缘的若干纵行线圈依次向外转移。

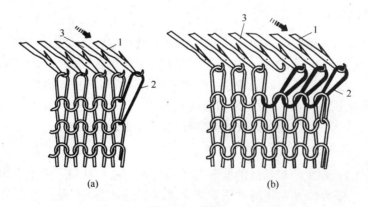

(a)　　　　　　　　(b)

图 8-23　放针

第九章　给纱、牵拉与卷取

第一节　给　纱

一、给纱的要求

纬编针织机在成圈过程中所需要的纱线,由卷绕在筒子上的纱线受牵引作用依次退绕下来,经过导纱装置、张力装置和导纱器,进入编织区域,这一过程称为给纱。

实现上述过程所采用的机构称为给纱机构。纬编针织机的给纱机构一般分为消极式给纱和积极式给纱两种形式。

消极式给纱机构是借助编织时纱线受到的张力,将纱线从筒子上抽拉到编织区域。这种给纱方式的机构简单,只需要一些导纱装置,不需要专门的传动机构,但这种给纱方式影响纱线张力的因素较多,给纱的均匀性较差。

纬编针织机的给纱要求有:

① 纱线必须连续均匀地送入编织区域。

② 各成圈系统之间的给纱比应该保持一致。

③ 送入各成圈区域的纱线张力宜小,且均匀一致。

④ 如发现纱疵、断头和缺线等,应迅速停机。

⑤ 当产品品种改变时,给纱量也相应改变,且调整方便。

⑥ 纱架应能安放足够数量的预备筒子,无需停机换筒,使生产能连续进行。

⑦ 在满足上述条件的基础上,给纱机构应简单,且便于操作和调节。

二、消极式给纱装置

消极式给纱是指在编织过程中,根据各个成圈系统瞬间所需纱量的不同,相应地改变给纱速度,即需要多少输送多少。给纱量取决于成圈系统的编织状况、组织变化和弯纱深度改变等因素。这种给纱方式适用编织时耗纱量不规则变化的针织机。例如横机,由于横机的机头在横移过程中是间歇式编织,所以只能采用消极式给纱。又如提花圆机,针筒每一转,各个成圈系统的耗纱量与被选中参加编织针数的多少有关,变化不规则。

（一）简单式消极给纱装置

图9-1所示为简单式消极给纱的装置与纱线行程。纱线从筒子1上引出,经过导纱钩2和2′、上导纱圈3、张力装置4、下导纱圈5和导纱器6,进入编织区域。

在这种给纱装置中,编织时影响纱线张力大小与波动的因素主要有:

① 纱线从筒子上退绕的阻力,退绕张力的大小与筒子的安放形式有关。

当筒子竖放时,退绕张力的大小受导纱钩与筒子的高度的影响。其高度应使纱线从筒子下部退绕时不会触及筒子的表面为宜,这样可以减少纱线与筒子表面的摩擦,减少退绕时的张力波动。

当筒子横放时,退绕张力的大小与导纱钩离筒子底部的水平距离有关。当导纱钩离筒子较近时,纱线退绕张力较大;距离增大,退绕张力减小,在一定值时,退绕张力最小,而且张力波动小;但以后的退绕张力随距离的增大而增大。

②纱线运动时产生的气圈张力。当纱线从筒子上退绕时,将绕筒子回转而形成气圈,对纱线产生离心力,从而使纱线产生附加张力。

③纱线在行程中由于运动惯性等产生的惯性力。

④纱线经过导纱装置时因摩擦造成的纱线张力。

⑤纱线重力和由张力装置产生的纱线张力。

横机上的纱线行程及其检测与圆纬机差不多,只是多了挑线弹簧,它的作用是当机头在针床两端换向返回时,将松弛的纱线抽紧,以保证随后的编织正常进行。

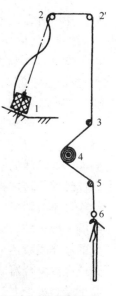

图9-1　简单消极式给纱装置

消极给纱的特点是送纱量根据需要多少来输送,纱线从筒子上退绕的阻力在筒子的大端与小端不一样,满筒与空筒时也不一样,从而导致一路的给纱张力的波动,各路间的给纱张力也难以均匀一致。这些都会影响线圈长度的均匀性和织物质量,所以这种给纱装置已较少采用,取而代之的是储存消极式给纱装置。

(二)储存消极式给纱装置

这种给纱装置安装在纱筒与编织系统之间,其工作原理是:纱线从筒子上引出后,不是直接喂入编织区域,而是先均匀地卷绕在该装置的圆柱形储纱筒上;在绕上少量具有同一直径的纱圈后,再根据编织时耗纱量的变化,从储纱筒上引出,送入编织系统。

根据纱线在储纱筒上的卷绕、储存和退绕方式的不同,该装置可分为三种类型,如图9-2所示。在图9-2(a)中,储纱筒2回转,纱线1在储纱筒上端切向卷绕,从下端经过张力环3退绕。在图9-2(b)中,储纱筒3不动,纱线1先自上而下穿过中空轴2,再借助于转动圆环4和导纱孔6的作用,在储纱筒3下端切向卷绕,然后从上端退绕,并经转动圆环4输出。在图9-2(c)中,储纱筒4不动,纱线2通过转动环1和导纱孔3的作用,在储纱筒上端切向卷绕,从下端退绕。

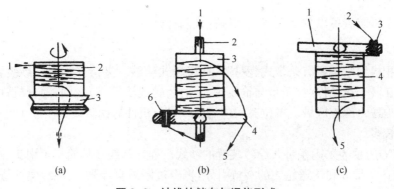

(a)　　　　　　　　(b)　　　　　　　　(c)

图9-2　纱线的储存与退绕形式

第一种形式下,纱线在卷绕时不产生附加捻度,但退绕时被加捻或退捻。第二、三种形式下,纱线不产生加捻,因为卷绕时产生的加捻被退绕时反方向的退捻抵消。

图 9-3 所示为第一种形式的储存式给纱装置。纱线 1 经过张力装置 2、断纱自停探测杆 3(断纱时指示灯 8 闪亮),切向地卷绕在储纱筒 10 上。储纱筒由内装的微型电动机(老式)或条带(新式)驱动。当倾斜配置的圆环 4 处于最高位置时,使控制电动机的微型开关接通,或使控制条带与储纱筒接触的电磁离合器通电,从而电动机(或条带)驱动储纱筒回转进行卷绕。由于圆环 4 的倾斜,卷绕过程中纱线被推向圆环 4 的最低位置,即纱圈 9 向下移动。随着线圈 9 数量的增加,圆环 4 逐渐移向水平位置。当储纱筒上的卷绕圈数达最大(约 4 圈)时,圆环 4 使电动机开关断开或电磁离合器断电,因此储纱筒停止卷绕。纱线从储纱筒下端经过张力环 5 退绕,再经过导纱孔 6 输出。为了调整退绕纱线的张力,可以根据加工纱线的性质,采用具有无梳片结构的张力环 5。

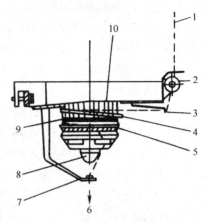

图 9-3　储存消极式给纱装置

这种装置比简单消极式给纱具有明显的优点:首先,纱线卷绕在过渡性的储纱筒上后有短暂的迟缓作用,可以消除由于纱筒容纱量不一、退绕点不同和退绕时张力波动所引起的纱线张力的不均匀性,使纱线在相仿的条件下从储纱筒上退绕;其次,该装置所处的位置与编织区域的距离小于纱筒与编织区域的距离,可以最大限度地改善由于纱线行程长而造成的纱线附加张力和张力波动。

三、积极式给纱装置

积极式给纱是指在单位时间内给每一编织系统输入一定长度的纱线。送纱量由给纱机构进行控制,定长给纱。积极式给纱方式适用于生产过程中各系统的耗纱速度均匀一致的机器,如在多三角机、罗纹机和棉毛机等机器上编织基本组织织物。积极式给纱能够满足匀速给纱,达到纱线张力均匀、减少织疵、提高产品质量的目的。

采用积极式给纱装置,可以连续、均匀、稳定地供纱,使各成圈系统的线圈长度趋于一致,给纱张力较均匀,从而提高了织物的纹路清晰度和强力等外观和内在质量,能有效地控制织物的密度和几何尺寸。

积极式给纱装置可以分为夹持式和储存式两种。

(一)夹持式积极给纱装置

夹持式积极给纱装置有条带式、罗拉式和齿轮式给纱。夹持式积极给纱装置的工作原理是纱线夹持在两个运动件(如条带与输线轮、一对齿轮或滚筒等)之间,随着机件的回转,将纱线主动匀速地送入编织区域。单位时间内的给纱量与机件的回转线速度成正比。条带式给纱装置的应用较多。

图 9-4(a)所示为采用条带式给纱装置的纱线行程。纱线 2 从筒子上引出,经过失张检测自停器 1、输送条带 3 和输送轮 4 的夹持引导,再经过断纱自停器 5、导纱器 6 进入编织区域。失张检测自停器的作用是在检测到断纱、缺纱和纱线张力过小时,使机器停止运转。

图 9-4(b)为纱线的输送俯视图。由图可见,纱线 2 先被引导穿过导纱孔 7,接着进入输送条带 3 和输送轮 4 的弧形夹持(如图中所示)。此时,该装置不会主动输送纱线,实际上该装置已变成消极式给纱。

编织时应根据织物的线圈长度调整给纱装置的输线速度。这是通过改变无级变速带轮 9 的传动半径来实现的。

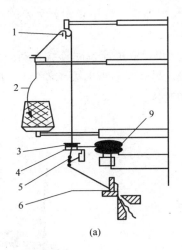

(a)

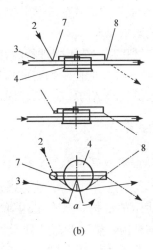

(b)

图 9-4　条带式给纱装置

（二）储存式积极给纱装置

这类装置也有多种形式。图 9-5 所示为迈耶西公司生产的 CONI 型给纱装置。纱线 1 经过导纱孔 2、张力装置 3、粗节探测自停器 4、断纱自停探杆 5 和导纱孔 6,由卷绕储纱轮 9 的上端 7 卷绕,自下端 8 退绕,再经断纱自停杆 10、支架 11 和 12 输出。粗节检测自停器的作用是当检测到粗节纱和大结头时,里面的触点开关接通,使机器停止转动。

卷绕储纱轮 9 的形状是根据对纱线运动的仔细研究而特别设计的。它不是标准的圆柱体,在纱线退绕区呈圆锥形。轮上具有光滑的接触面,不存在会造成飞花集聚的任何曲面或边缘,即可自动清纱。卷绕储纱轮还可将卷绕上去的纱圈向下推移,即自动推纱。轮子的形状保证了纱圈之间的分离,使纱圈松弛,因此降低了输出纱线时的张力。

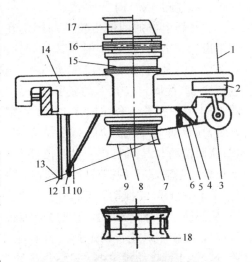

图 9-5　储存式积极给纱装置

装置的上方有两个传动轮 15 和 17,由冲孔条带驱动卷绕储纱轮回转。两根条带的速度可以不同,通过切换选用一种速度。给纱装置的输出线速度应根据织物的线圈长度,通过驱动条带的无级变速器进行调整。

该装置还附有对纱线产生摩擦的杆笼状卷绕储纱轮 18,可用于小提花等织物的编织。

第二节　牵拉与卷取

在纬编机上，为了使编织过程能够顺利地进行，必须不断地将形成的针织物从成圈区域牵引出来，并卷绕成一定形式的卷装。牵拉与卷取在整个编织过程中是十分重要的，对成圈过程及产品质量的影响很大。

由于成圈过程是连续不断进行的，因而要求牵拉和卷取也能及时连续进行。牵拉和卷取张力要求稳定，这样才能使织物密度均匀、门幅一致。另外在卷取时要求卷装成型良好。

牵拉卷取机构的结构要简单、稳固，便于操作和调整。

一、间歇式牵拉

（一）偏心拉杆式牵拉卷取机构

偏心拉杆式牵拉卷取机构的形式较多。这里仅就其中一种做简单介绍。

图 9-6 所示的机构是台车上用弹簧自调的偏心拉杆式牵拉机构。整个卷布架处于针筒的上方，挂在横臂的轴芯 6 上。绷布圈上面的直杆部分插入卷布架下面的两根圆杆之间，使卷布架与针筒一起同速回转。牵拉辊 2 和 3 上包有金钢砂纸，转动时将针织坯布夹持，向上牵拉。

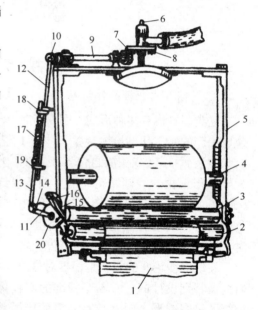

图 9-6　偏心拉杆式牵拉卷取机构

卷布架上方的圆锥齿轮 7 与固定在横臂上的圆锥齿轮 8 啮合，在卷布架与针筒同速回转时，齿轮 7 带动与其同轴 9 上的储心轮 10 一起转动。通过拉杆 12，使固定在其上的紧圈 19 随之运动。紧圈 19 上有一个孔活套在拉杆 13 上。当紧圈 19 上升时，压缩弹簧 17 推动活套在拉杆 12 上的紧圈 18，从而拉动与其固定在一起的拉杆 13，使活套在牵拉辊 3 的轴芯上的摆杆 11 摇动。这样，装在摆杆 11 上的棘爪 14 撑动固定在牵拉辊 3 左端的棘轮 15，从而使牵拉辊 3 转动，再通过摩擦传动牵拉辊 2，以完成对针织坯布的牵拉。偏心轮 10 每转一转，棘爪 14 就撑动棘轮 15 一次，每次的撑动量取决于弹簧的压缩应力和针织坯布的张力。偏心轮 10 转动，当棘爪 14 刚开始压紧棘轮 15 时，由于通过弹簧传递的撑动棘轮 15 的力矩小于针织坯布张力对牵拉辊造成的反向力矩，所以牵拉辊并不转动。这时，弹簧开始压缩，直到弹簧压缩到由其传递的力矩超过坯布张力造成的反向力矩时，牵拉辊开始转动，使坯布卷绕在卷布辊 4 上。卷布架的这一结构可使坯布的张力保持在一定的范围内。沿拉杆 12 移动紧圈 19，改变紧圈在拉杆 12 上的相对位置，即可调整弹簧 17 的压缩程度，即改变坯布的张力。机器运转时，防退棘爪 16 可防止棘轮的倒退，以免牵拉辊 3 在针织坯布张力作用下倒转。在需要放松坯布时,可利用锯齿轮罩壳 20 将两个棘爪抬起,牵拉辊在坯布张力作用下倒转,使坯布张力减小。

(二)斜环式牵拉卷取机构

斜环式牵拉卷取机构如图 9-7 所示。整个卷布架由下台面的大齿轮传动,与针筒同步回转。斜环 2 固定在机架上,当卷布架随针筒回转时,摆臂 3 上的转子 1 受斜环作用,以牵拉辊 4 为支点做上下摆动。

当转子 1 沿着斜环 2 下降时,摆臂 3 上的棘爪 5,克服弹簧 7 的拉力,撑动牵拉辊头端的棘轮 6,使牵拉辊转动而进行牵拉。

当转子 1 沿着斜环 2 上升时(弹簧 7 保证转子紧贴斜环的表面),棘爪 5 沿着棘轮 6 的表面后退,可防止棘轮的倒转。卷布架的另一侧也有类似的机构,可交替地进行牵拉。

坯布的牵拉速度是由编织速度决定的,因此与针织物的密度、成圈系统数、机器的转速等有关。牵拉量的调节可通过旋钮 8 改变斜环在螺杆 9 上的上下位置(斜环倾斜角)来达到。调节时先松开手柄 10,调整后再固紧手柄,以防止斜环松动。螺丝 11 可以调节牵拉辊对坯布的握持力。

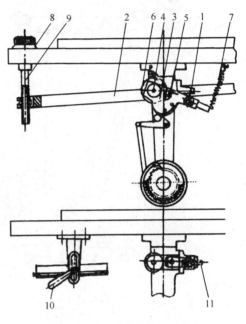

图 9-7 斜环式牵拉卷取机构

(三)凸轮式牵拉卷取机构

凸轮式牵拉卷取机构如图 9-8(a)所示。其工作原理类似于斜环式牵拉卷取机构,是用多头凸轮代替斜环,使转子上下运动而完成牵拉动作的。此机构有 10 个等分凸轮(图中未画出),使机器一转内的牵拉次数增加,减少了坯布牵拉张力的波动。

多头凸轮固定在机器下台面上。卷布架装在下台面的大齿轮上,随针筒一起回转。转子 3 受弹簧 2 作用,紧贴在多头凸轮的表面上做上下运动,使摆臂 1 以牵拉辊 4 的轴心为支点上下摆动。当摆臂 1 向下时,压下摆杆 13 上的转子 8,弹簧 10 被拉伸,而摆杆 13 上的棘爪 16 后退。当转子 3 沿凸轮面上升时,摆杆 13 上的棘爪 16 在弹簧 10 的作用下撑动固定在牵拉辊头端的锯齿轮 12,完成牵拉动作。

采用三根牵拉辊 9、10 和 11 牵拉织物 12,如图 9-8(b)所示,以增加牵拉织物时的包围角,使织物不易滑移;而且三根牵拉辊的中间一根牵拉辊 9 的两端有几节是活络的,可根据织物的门幅决定向两边移动的节数,使织物的两边边缘不致被牵拉辊压紧而产生折痕(特别是织造涤纶织物时)。通过调节螺丝,改变弹簧 10 的拉伸程度来调节坯布的张力。

卷布架的另一面也有类似的牵拉机构,由于机器上具有偶数个等分凸头,使两边的牵拉同时进行,因此也属于间歇性牵拉。

卷取部分如图 9-8(a)所示。当转子 3 受凸轮作用向下运动时,卷布撑杆 15 上的挡圈 9 压缩弹簧 11,当弹簧应力对摆架 14 造成的力矩超过弹簧 6 对摆架的反向力矩时,则摆架逆时针方向转动,使固定在其上的棘爪 5 后退。当转子 3 向上运动时,弹簧 6 克服坯布张力造成的

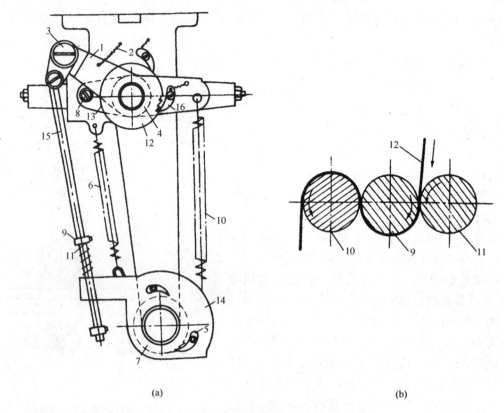

图9-8 凸轮式牵拉卷取机构

反向力矩后，使摆架14顺时针方向转动，棘爪5撑动棘轮7而卷布。

沿撑杆15移动挡圈9的位置，改变弹簧11的压缩程度，可调节坯布的卷取量。

二、连续式牵拉

（一）自重式牵拉卷取机构

图9-9所示为计件罗纹机上采用的自重式牵拉卷取机构，是利用牵拉机构和重锤的重力作用来牵拉织物的，在牵拉过程中还能自动调节牵拉机构的位置，使牵拉连续进行。

在这种机器上，针筒固定，三角装置回转，因此整个卷布架不回转。在机器主轴快速皮带轮旁有一槽轮，通过皮带传动卷布架上的槽轮4，经过圆锥齿轮 Z_1 和 Z_2 及蜗杆 Z_3 和蜗轮 Z_4，再传动牵拉辊 $1'$，由牵拉辊 $1'$ 的轴

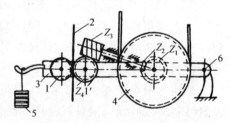

图9-9 自重式牵拉卷取机构

头齿轮传动牵拉辊1，将针织物2向下牵拉。由于牵拉辊的表面速度大于罗纹织物的编织速度，且两个牵拉辊夹持着织物，因此牵拉辊沿着织物表面向上爬行，使卷布架3绕轴6向上摆动，放松槽轮4上的皮带，使槽轮4停止转动。由于牵拉辊 $1'$ 和1仍夹持着织物，随着织物的编织，由牵拉机构和重锤5的重力对织物进行牵拉。这时牵拉机构也逐渐向下摆动，当槽轮4下降、皮带张紧后，牵拉辊得到传动，从而使牵拉卷取连续进行。改变重锤5的质量，可调节牵

拉力。

采用这种机构,当卷布架上下运动到换向位置时,由于惯性的存在,织物的牵拉力会受到影响。当这种机构的位置远离针筒时,牵拉力比较均匀。

（二）齿轮牵拉卷取机构

图 9-10 所示为齿轮传动的连续式牵拉卷取机构。

整个卷布架处在针筒的下方,与下面的大齿轮 1 固定在一起。当皮带轮 13 受到传动后,轴 29 头端的齿轮 8,通过齿轮 7、12 和 5,使轴 14 下端的齿轮 4 传动齿轮 3、2 和 1,使卷布架 15 转动。轴 14 上端的齿轮 5 通过齿轮 6、9 和 10 传动针筒大齿轮 11。卷布架与针筒同步回转。圆锥齿轮 16 装在下底座 17 上,固定不动。当卷布架回转时,卷布架上的圆锥齿轮 18 在圆锥齿轮 16 的表面滚转。卷布辊 19 压在辊 20 上,受摩擦传动而卷布。随着布卷直径的增加,卷布辊 19 逐渐上抬。辊 20 的另一端有链轮 21、传动链轮 22、齿轮 23、齿轮 24,使牵拉辊 25 和 26 转动而牵拉坯布。旋动调节螺丝 27,改变无级

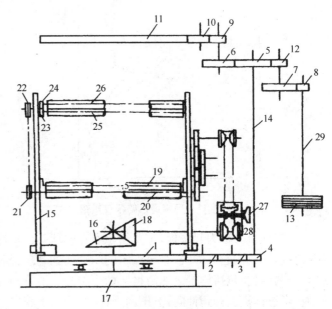

图 9-10　齿轮式牵拉卷取机构

变速器中可移圆锥 28 的轴向位置,可以调节牵拉和卷取的速度。

由于该机构采用了一系列的齿轮、链轮来传动牵拉辊,因此能使牵拉及时连续均匀地进行。另外,该机构还装有无级变速器,用以调节牵拉卷取速度,是目前牵拉机构中比较理想的一种。

三、电脑横机的牵拉卷取机构

某种电脑横机的牵拉机构如图 9-11 所示,包括主牵拉辊 3 和 4、辅助牵拉辊 1 和 2、牵拉针梳 5。主牵拉辊起主要的牵拉作用,由牵拉电动机控制,通过程序控制改变电动机的转动速度,从而改变牵拉力的大小。在横机产品的编织中,合理的牵拉力是非常重要的。该机构可以根据所编织的织物结构和织物宽度来改变牵拉力。

在编织时,由于针床两端和中间的牵拉力要求有所不同,为了使沿针床宽度方向的各部段的牵拉力均合适,一般采用分段式牵拉辊,每段的牵拉辊一般只有 5 cm 左右。调整各段压辊上弹簧的压缩程度,可使牵拉力工艺符合要求。

辅助牵拉辊一般比主牵拉辊的直径小,距离针床口较近。它可以由程序控制进入工作或退出工作,主要用于特殊结构织物和成型产品编织时协助主牵拉辊工作,如多次集圈、局部编织、放针等,以起到主牵拉辊不具备的牵拉作用。

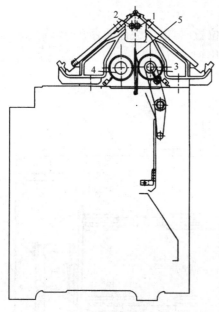

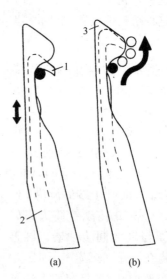

图 9-11　电脑横机的牵拉机构　　　图 9-12　牵拉针梳

牵拉针梳又称为起底板，主要用于衣片的起头。此时，牵拉针梳由程序控制上升到针间，牵拉住所形成的起口纱线，直至编织的织物达到牵拉辊时才退出工作。图 9-12 所示为一种牵拉针梳的结构，包括钩子 1 和滑槽 2 两个部分。滑槽可以沿箭头和滑槽方向上下移动。在起口时，牵拉针梳上升到针间，滑槽向上移动，使钩子露出，钩子钩住新喂入的起口线，如图 9-12（a）所示。当牵拉针梳到达牵拉辊作用区时，滑槽向下移动，用其头部遮住钩子，并使钩子中的起口线从滑槽头部脱出，如图 9-12（b）所示。

压脚是很多电脑横机使用的一种辅助牵拉方式，也可以用于非电脑横机。它是一种由钢丝或钢片制成的装置，装在机头上随机头移动。图 9-13 所示为一种形式的压脚及其工作原理。编织时，狭长的金属片或钢丝 1 刚好落在两个针床的栅状齿之间，位于上升的织针针舌下面、旧线圈的上面，阻止了这些旧线圈随正在退圈的织针一起上升，从而达到辅助牵拉的作用。在电脑横机上，压脚可以由程序控制进入或退出工作。

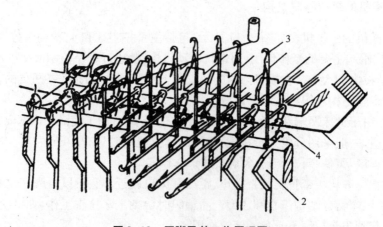

图 9-13　压脚及其工作原理图

第十章　纬编工艺参数计算

第一节　针织机产量计算

一、理论产量

纬编针织机的理论产量主要与所加工纱线的线密度、针织物的线圈长度、机器的路数、总针数及转速有关,计算公式如下:

$$A = 0.6 \times 10^{-7} \times lMNn\text{Tt} \tag{10-1}$$

式中:A 为理论产量[kg/(台·h)];l 为线圈长度(mm);M 为成圈系统数;N 为针筒总针数;n 为针筒转速(r/min);Tt 为纱线线密度(tex)。

二、时间效率

时间效率是指在一定的生产时间内,机器的实际运转时间占理论运转时间的百分比,计算公式如下:

$$\eta = \frac{T'}{T} \times 100\% \tag{10-2}$$

式中:T' 为实际运转的时间;T 为机器理论运转的时间。

机器的时间效率与许多因素有关,如自动化程度、工人的操作技术水平、劳动组织、保全保养,以及采用的织物组织结构和卷装形式等。

不同的针织机,时间效率也不相同:棉毛机为 84%～95%;罗纹机为 85%～92%。

三、实际产量

正常生产的机器,由于多方面原因会造成停车,所以在一定时间内,实际产量总是低于理论产量。针织机的实际产量计算如下:

$$A' = A \times \eta \tag{10-3}$$

式中:A' 为实际产量[kg/(台·h)];A 为理论产量[kg/(台·h)];η 为时间效率。

第二节　纬编工艺参数计算

一、线圈长度

针织物的线圈长度是指每一个线圈的纱线长度,由线圈的圈干和延展线组成,一般用 l 表示,一般以"毫米"为单位。

线圈长度可根据线圈在平面的投影近似地进行计算而得到,或用拆散的方法测得组成一个线圈的纱线的实际长度,也可在编织时用仪器直接测量喂入到每枚织针上的纱线长度。线圈长度不仅决定针织物的密度,而且对针织物的脱散性、延伸性、耐磨性、弹性、强力、抗起毛起球性和勾丝性等有重大影响,故为针织物的一项重要指标。目前,针织机一般采用积极式给纱装置,以固定速度进行喂纱,从而控制针织物的线圈长度,使其保持恒定,并改善针织物的质量。

二、织物密度

在纱线细度一定的条件下,针织物的稀密程度可以用织物密度表示,指针织物在单位长度内的线圈数,通常采用横向密度和纵向密度。

1. 横向密度

简称横密,是指沿线圈横列方向规定长度(50 mm)内的线圈纵行数,计算式如下:

$$P_A = \frac{50}{A} \qquad (10\text{-}4)$$

式中:P_A 为横向密度(纵行/50 mm);A 为圈距(mm)。

2. 纵向密度

简称纵密,是指沿线圈纵行方向规定长度(50 mm)内的线圈横列数,计算式如下:

$$P_B = \frac{50}{B} \qquad (10\text{-}5)$$

式中:P_B 为纵向密度(横列/50 mm);B 为圈高(mm)。

针织物在加工过程中容易受到拉伸而产生变形,因此对某一针织物来讲,原始状态不是固定不变的,从而影响实测密度的正确性;因而在测量针织物密度前,应该将试样进行松弛,使之达到平衡状态,这样测得的密度才具有实际可比性。

三、单位面积干重

单位面积干重是指每平方米干燥针织物的克重数,是国家考核针织物品质的重要物理指标。

当已知针织物的线圈长度 l(mm)、纱线线密度 Tt(tex)、横向密度 P_A(纵行/50 mm)和纵向密度 P_B(横列/50 mm)、针织物的回潮率 W 时,单位面积干重 Q(g/m²)可用下式计算:

$$Q = \frac{0.000\ 4l\text{Tt}P_A P_B}{1+W} \qquad (10\text{-}6)$$

四、机号

各种类型的针织机均以机号来表明织针的粗细和针距的大小。机号即是指针床上规定长度内所具有的针数,通常规定长度为 25.4 mm(1 英寸)。它与针距的关系如下:

$$E = \frac{25.4}{t} \qquad (10\text{-}7)$$

式中：E 为机号（针/2.54 cm）；t 为针距（mm）。

由此可知，针织机的机号说明了针床上织针排列的稀密程度，机号愈高，针床上规定长度内的针数愈多；反之，则针数愈少。在单独表示机号时，应由符号"E"和相应数字组成，如机号22应写作"E22"。针织机的机号在一定程度上确定了其加工纱线的细度范围。在每一机号的针织机上，由于成圈机件尺寸的限制，可以编织的最短线圈长度是一定的。无限降低加工纱线的细度，会使织物变得稀疏。

五、坯布幅宽

坯布是指织成后还没有经过印染加工的布。工业上的坯布一般指布料，或者指层压的坯布、上胶的坯布等。幅宽是指面料的有效宽度，一般用"英寸"或"厘米"表示。通常，36 英寸（91.44 cm）为窄幅，44 英寸（111.76 cm）为中幅，56～60 英寸（152.4 cm）为宽幅；60 英寸（152.4 cm）以上为特宽幅，一般称为宽幅布。据资料显示，我国目前最宽能达到 360 cm。

1. 幅宽与针筒针数和横密的关系

$$W = \frac{5n}{P_A} \tag{10-8}$$

式中：W 为剖幅后坯布幅宽（cm）；n 为针筒总针数；P_A 为坯布横密（纵行/50 mm）。

2. 幅宽与针筒直径、机号和横密的关系

$$n = \pi D E \tag{10-9}$$

式中：D 为针筒直径（cm）；E 为机号（针/2.54 cm）。

$$W = \frac{5\pi D E}{P_A} \tag{10-10}$$

坯布幅宽计算中，整幅宽是指两布边之间的距离，有效幅宽是指去除布边、针洞、无印花部分的幅宽。

第三篇　经　　编

第十一章 经编概述

第一节 经编针织物与形成

一、经编针织物的结构

经编针织物是由一组或几组平行排列的纱线,分别垫在平行排列的织针上,同时沿纵向编织而成。经编针织物的基本结构单元与纬编针织物一样,也是线圈。图 11-1 为典型的经编针织物线圈结构图,1—2 与 4—5 为圈柱,2—3—4 为针编弧,5—6 为延展线。两根延展线在线圈的基部交叉和重叠的称为闭口线圈,如图中的线圈 B;没有交叉和重叠的称为开口线圈,如图中的线圈 A。

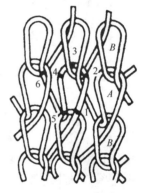

图 11-1　经编针织物线圈结构图

经编针织物与纬编针织物的结构差别在于:一般纬编针织物中每一根纱线上的线圈沿着横向分布,而经编针织物中每一根纱线上的线圈沿着纵向分布;纬编针织物的每一个线圈横列由一根或几根纱线的线圈组成,而经编针织物的每一个线圈横列由一组(一排)或几组(几排)纱线的线圈组成。

经编针织物的参数与性能指标,如线圈长度、密度、延伸性、弹性等,其定义与表示方法与纬编针织物一样。

二、经编针织物的形成

经编的成圈过程分为退圈、垫纱、闭口、套圈、弯纱、脱圈、成圈和牵拉几个阶段,其基本原理与纬编的成圈过程相似。图 11-2 表示经编针织物的形成方法。在经编机上,平行排列的经纱从经轴引出后,穿过各根导纱针 1,一排导纱针组成一把导纱梳栉。梳栉带动导纱针在织针间的前后摆动和针前与针后的横移,将纱线分别垫在各枚织针 2 上,成圈后形成线圈横列。由于一个横列的线圈均与上一横列的相应线圈串套,使横列与横列相互连接。当某一织针上的线圈形成后,梳栉带着纱线按一定顺序移到其他织针上垫纱成圈,这样就形成了线圈纵行与纵行之间的联系。图中虚线表示各个线圈横列和线圈纵行的分界。经编与纬编针织物形成方法的差别在于:纬编是在一个成圈系统内,由一根或几根纱线,沿着横向垫入各枚织针,顺序成圈;而经编是由一组或几组平行排列的纱线,沿着纵向垫入一排织针,同步成圈。

三、经编生产工艺流程

经编生产工艺流程较简单。一般原料进厂后经过检验,便可进行整经,把纱线卷绕到经轴上后方能织造。织造后的毛坯布送染色整理。后整理工序是根据织物品种不同按需要进行的,通常素织物需要进行染色、定形、检验、称布、打印和堆放等工序,有的还需要进行拉毛、起绒、磨绒等后处理。光坯布出厂或进入服装裁剪车间,经过加工后,以成品服装出厂。

经编生产工艺流程一般如下:

原料进厂→原料检验→整经→织造→毛坯检验、称重、打印→半成品入库→染整、定形→成品检验、打卷、称重、包装→成品库。

整经工序是将若干个纱筒上的纱线平行卷绕在经轴上,为上机编织做准备。织造工序是在经编机上,将经轴上的纱线编织成经编织物。染整和成品制作工序都与最终产品有关。

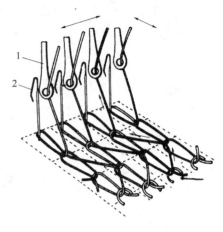

图 11-2　经编针织物形成方法

经编最终产品包括服用、装饰用和产业用三类。服用类产品有泳装、女装饰内衣、运动休闲服等。装饰类产品有窗帘、台布、毯子等。产业类产品有土工格栅、灯箱布、篷盖布等。总的来说,在经编产品中,服用类所占的比重不如纬编大,而装饰和产业类所占的比重超过纬编。

四、经编针织物的特性

(一) 脱散性小

经编针织物的脱散性较低,因为经编织物是由许多根经纱(几百根至几千根)同时弯曲成线圈而形成的,虽然线圈之间的相互串套发生线段的转移,但是当织物的某处受到拉伸而迫使某根经纱发生断裂时,由于经编线圈中其他经纱的延展线联系,不会造成大面积的脱散,因而织物坚固耐用。

(二) 稳定性好

经编织物利用线圈间的相互串套作用和线圈中延展线部段的相互制约作用,将织物组织中的经纱稳定在相应的位置上,即使采用光滑的长丝编织成很稀松的网孔类织物,也不会由于经纱的滑移而影响织物组织的稳定性,所以经编织物具有良好的稳定性。

(三) 透气性好

经编织物的基本结构单元为线圈,无论将织物编织得如何紧密,总是无法掩盖线圈本身存在的空隙,同时线圈之间的相互串套也存在一定的空隙,因此织物具有良好的透气性。

(四) 回弹性适中

经编织物中的线圈是一条空间曲线,不管线圈之间怎样串套,都不可能非常紧密,在织物的任何方向都可以发生适当的伸缩。这种伸缩不但可以使织物适应人体曲线的变化,穿着合身适体,富有舒适感,也可以局部延伸变形,避免断裂的危险。

(五) 抗皱性强

经编织物的抗皱性较强。因为经编织物中,延展线与线圈之间可以相互转移,线圈之间储有足够长的纱线。当织物某处受到挤压导致纱线弯曲变形时,线圈之间的纱线发生转移,释压后,转移的纱线又可迅速回复到原来的线圈内。

（六）保暖性好

经编织物的组织比较蓬松,好似多孔的海绵体,可保留较多的空气,由于空气的绝缘性,导致织物具有良好的保暖性。

第二节　经编针织物组织结构分类与表示方法

一、经编针织物组织结构的分类

经编针织物组织结构一般分为基本组织、变化组织和花色组织三类,并有单面和双面之分。经编基本组织是一切经编组织的基础,包括单面的编链组织、经平组织、经缎组织、重经组织,以及双面的罗纹经平组织等。经编变化组织由两个或两个以上的基本组织的纵行相间配置而成,即在一个经编基本组织的相邻线圈纵行之间,配置着另一个或者另几个经编基本组织,以改变原来组织的结构与性能。经编变化组织有单面的变化经平组织(经绒组织、经斜组织等)、变化经缎组织、变化重经组织,以及双面的双罗纹经平组织等。经编花色组织是在经编基本组织或变化组织的基础上,利用线圈结构的改变,或者另外加入色纱、辅助纱线或其他纺织原料,以形成具有显著花色效应和不同性能的组织。经编花色组织包括多梳经编组织、缺垫经编组织、缺压经编组织、衬纬经编组织、压纱经编组织、提花(贾卡)经编组织(单轴向、双轴向、多轴向经编组织)、双针床经编组织等。

经编针织物按用途分类,花色繁多,主要有:服用经编针织物,如衬衫、内衣、外衣、运动服、头巾、袜子、服装花边、裤料、毛巾及毛绒类衣料等;装饰用经编针织物,如窗帘、地毯、台布、沙发布、汽车和飞机座垫、床上用品、室内装饰材料;产业用经编针织物,如筛网、渔网、农业用保护网、包装袋、电影银幕、室内球场、医用绷带、人造血管、建筑材料、土工布人工草坪、高强复合材料及其他技术用布等。

二、经编针织物组织结构的表示方法

经编针织物组织结构的表示方法有线圈图、垫纱运动图与穿纱对纱图、垫纱数码及意匠图等。

（一）线圈图

图 11-3 为某种经编织物组织结构的线圈图。该图可以直观地反映经编针织物的线圈结构和导纱针的顺序横移情况,但绘制很费时,表示与使用均不方便,特别对于多梳和双针床经编织物,很难用线圈结构图清楚地表示,因此在实践中很少采用。

（二）垫纱运动图与穿纱对纱图

垫纱运动图是在点纹纸上,根据导纱针的垫纱运动规律,自下而上地沿横列逐个画出其垫纱运动轨迹。图 11-4 为与图 11-3 相对应的垫纱运动图。图中,横向的"点行"表示经编针织物的线圈横列,纵向"点列"表示经编针织物的线圈纵行。每一个点表示编织某一横列时一个针头的投影,点的上方相当于针钩前,点的下方相当于针背后。织针的间隙用数码 0、1、2、3 表示。用垫纱运动图表示经编针织物组织比较直观方便,而且导纱针的移动与线圈形状完全一致。

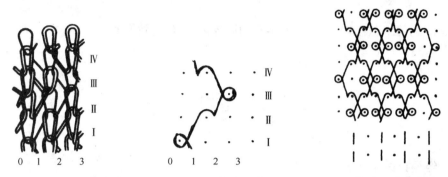

图 11-3　经编组织的线圈结构图　　图 11-4　垫纱运动图　　图 11-5　垫纱运动与穿纱对纱图

图 11-4 中,编织第 Ⅰ 横列时,导纱针在第一枚和第二枚织针间由针后向针前摆动,然后在针前向左横移一个针距,再向针后摆动,将纱线垫在第一枚织针上;编织第 Ⅱ 横列时,为了使纱线能够垫放在第二枚织针上,导纱针在第 Ⅰ 横列结束前,必须在针后从"0"位置向右横移到"1"位置,然后在针间向针前摆动,并在针前向右横移一个针距,将纱线垫于第二枚织针上;在编织第 Ⅲ 横列前,导纱针必须在针后从"2"位置向右横移到"3"位置,然后在针间向针前摆动,并在针前向右横移一个针距,从而将纱线垫在第三枚针上;编织第 Ⅳ 横列时,在针后从"3"位置向左横移到"2"位置,然后在针间向针前摆动,并在针前向左横移一个针距,将纱线垫于第二枚织针上;编织第 Ⅴ 横列时,同第 Ⅰ 横列。

一般经编针织物的组织均由几把导纱梳栉形成,因此需要画出每一梳栉的垫纱运动图。如果某些梳栉的部分导纱针未穿纱(空穿),还应在垫纱运动图下方画出各梳栉的穿纱对纱图,如图 11-5 所示。该图表示两梳栉经编织物,每一梳栉都是一穿一空(竖线代表该导纱针穿纱,点代表该导纱针空穿),两梳栉的对纱方式是穿纱对穿纱、空穿对空穿。如果梳栉上穿有不同颜色或类型的纱线,可以在穿纱对纱图中用不同的符号表示。

(三)垫纱数码

经编针织物组织结构还有一种表示方法,是垫纱数码法,在安排上机工艺时更为简捷方便。用垫纱数码表示经编组织时,以数字顺序标注针间间隙。对于导纱梳栉横移机构在左面的经编机,数字应从左向右标注;而对于导纱梳栉横移机构在右面的经编机,数字应从右向左标注。拉舍尔型经编机的针间序号一般采用偶数(0,2,4,6,…),而数字 0,1,2,3,…多适应于特利柯脱型经编机。

垫纱数码顺序记录了各横列导纱针在针前的横移情况。例如,与图 11-3 对应的垫纱数码为"1—0,1—2,2—3,2—1";其中横线连接的一组数字表示某横列导纱针在针前的横移动程。在相邻两组数字中,第一组的最后一个数字与第二组的起始一个数字,表示梳栉在针后的横移动程。以上述例子来说,第 Ⅰ 横列的垫纱数码为"1—0",它的最后一个数字为"0";第 Ⅱ 横列的垫纱数码为"1—2",它的起始一个数字为"1",因此代表导纱针在第 Ⅱ 横列编织开始前在针后进行横移的动程。以上垫纱数码适用于两行程的梳栉横移机构。

对于三行程梳栉横移机构,编织每一横列的梳栉在针前横移一次,在针后横移两次,因此一般用三个数字来表示梳栉的横移过程。例如,与图 11-3 对应的垫纱数码为"1—0—1,1—

2—2，2—3—2，2—1—1"。每一组数字中，第一、二两个数字表示导纱针在针前的横移动程，第二、三两个数字表示导纱针在针后的第一次横移；前一组的最后一个数字与后一组的最前一个数字，表示导纱针在针后的第二次横移。

垫纱数码实际上直接表示了梳栉横移机构所用链块的号数。

第十二章 整 经

第一节 整经工艺的要求与整经方法

一、整经的目的与要求

整经是将筒子纱按照工艺所需要的经纱根数与长度,在相同的张力下,平行、等速、整齐地卷绕成经轴,供经编机使用。在整经过程中,不仅要求经轴成型良好,还应改善经纱的编织性能,消除经纱疵点,为织造提供良好的基础。因此,整经工序应满足如下要求:

① 保证各根纱线的张力均匀一致,并在整个卷绕过程中保持张力恒定;否则会使经轴成型不良,并使经编织物的结构不均匀,布面产生条痕等疵病。如果整片经纱中有个别经纱张力与其他不一致,经编织物上会产生纵向条痕;如果卷绕过程中经纱张力有变化,坯布上会出现片段密度不匀。

② 张力大小应合适。张力过大,会影响纱线的弹性和强力;张力过小,则会使经轴卷绕过松,成型不良,甚至经纱间黏附而断头。在保证经轴卷装紧密、成型良好的条件下,应尽可能使整经张力小一些。

③ 经轴成型良好、密度恰当。形成的经轴应是正确的圆柱体,经纱横向分布均匀,经轴表面平整,没有上层丝陷入下层丝的现象,保证编织时退绕顺利。

④ 经轴上的经纱根数和长度符合要求。同一套轴上使用的分段经轴必须严格控制其一致性,根数不统一会给穿经和织造过程带来很大的麻烦,长度不一致会使各分段经轴上的纱线不能同时用完,造成大量的余纱浪费。

⑤ 整经过程中应去除毛丝、不合格的结头等疵点,并对丝给油,以改善其集束、平滑、柔软和抗静电的性能。

二、整经的方法

常用的整经方法有三种,即轴经整经、分段整经和分条整经。

(一)轴经整经

轴经整经是将经编机一把梳栉所用的经纱,同时和全部卷绕到一个经轴上。对一般编织地组织的经轴,由于经纱根数很多,纱架容量要很大;但这种办法不经济,在生产中也有一定困难。因此轴经整经多用于经纱总根数不多的花色纱线的整经。

(二)分段整经

分段整经是将经轴上的全部经纱分成几份,卷绕成狭幅的分段经轴,再将分段经轴组装成经编机上使用的经轴。分段整经的生产效率高,运输和操作方便,比较经济,能适应多品种、多色纱的要求,是目前使用最广泛的方法。

（三）分条整经

分条整经是将经编机梳栉上所需的全部经纱分成若干份,一份一份地分别卷绕到大滚筒上,然后再倒到经轴上的整经方法。这种整经方法的生产效率低,操作麻烦,已很少使用。

第二节 整经机的基本构造与工作原理

一、分段整经机

分段整经机的种类很多,但工作原理大致相同。目前常用的分段整经机如图 12-1 所示。纱线由纱架上的筒子引出,经过集丝板 2 集中,通过分经筘 3、张力罗拉 4、静电消除器 5、加油器 6、储纱装置 7、伸缩筘 8、导纱罗拉 9 均匀地卷绕到经轴 10 上。在有些整经机上,经轴表面由包毡压辊 11 紧压。筒子纱插在纱架 1 上。纱架上装有张力装置、断纱自停装置、静电消除器、信号灯等附属机构。

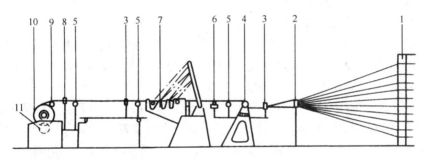

图 12-1　分段整经机结构简图

下面介绍其主要装置的结构与工作原理:

（一）张力装置

张力装置位于筒子纱的前方,用来控制和调节每根纱线的张力大小,并使纱线做 90°的拐弯。常见的张力装置有圆盘式张力器和液态阻尼式张力器。

1. 圆盘式张力器

圆盘式张力装置安装在筒子纱的前方。如图 12-2 所示,经纱从筒子上引出,经挡板 1,并自磁孔 2 穿入后,通过上张力盘 3 与下张力盘 4 之间,绕过一根立柱 7 或三根立柱 5、6、7 后引出。张力盘的位置可在沟槽 8 内滑移,以调节经纱包围角。图 12-12 中,(a)表示最小张力

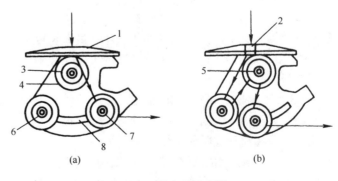

图 12-2　圆盘式张力器

调整位置,(b)表示最大张力调整位置。

经纱张力的大小取决于以下因素:

① 经纱绕过张力盘的个数,个数越多,经纱张力越大。

② 经纱对张力盘立柱的绕线方式,经纱对立柱的包围角越大,经纱的张力越大。

③ 上张力盘的重力,重力增加,经纱的张力也加大。随机供应的张力盘,因机型不同而略有差别,一般有 1.5 cN、2 cN、3.2 cN、5 cN 等。

2. 液态阻尼式张力器

液态阻尼式张力器又称 KFD 张力器,如图 12-3 所示。图中经纱穿过气圈盘 1 绕过棒 2 时,只要转动气圈盘 1,就可改变纱线与棒 2 的包围角,经纱的张力随之改变。

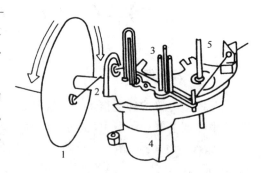

图 12-3　液态阻尼式张力器

另一方面,由拉簧控制的张力杆 3 位于可活动的小平台上,经纱绕过张力杆 3 后获得的张力大小由拉簧的拉力决定。拉簧的拉力则由集体调节轴 5 控制,改变拉簧的拉力,就可以调节经纱的张力。

液压阻尼机构主要由活动的小平台及其下面的油槽 4 组成。油槽内有控制小平台运动的阻尼叶片和控制张力杆 3 的拉簧,它们均浸在黏性油里。

由于该张力装置能够有效地控制经纱的初张力,液压阻尼机构又能吸收张力峰值,减少张力波动,因而能均衡一个筒子自身(从满管到空管)的重力差异,也能均衡筒子之间的张力不匀。

张力制动器被用作自停装置,当纱线断头或纱筒用完时,会发生无张力的情况,杆与平台转到极端位置,使继电器接通,整经机停止工作。新型张力装置的纱架,采用了一系列相互制约的开关电路,当某根经纱断头后,该排指示灯发亮,同时送出负电平,将其他指示灯的触发电路封锁,避免其因张力松弛而发亮,因而可提高挡车工的效率。

这种装置有不同的型号,以适应不同经纱的要求。KFD-K 型适用于合成纤维与精纺纱线,张力调节范围为 4～24 cN;KFD-T 型适用于粗纺纱线,如地毯等粗厚织物的整经,张力调节范围为 30～70 cN。

(二)储纱机构

储纱装置在纱线发生断头时使用。由于经纱断头时,停车总是滞后的,断纱头会被卷入经轴。接头时往往必须使经轴倒转,退出一定长度的纱线(最大长度为10 m),以便找出纱尾进行接头。储纱装置可在经轴倒转退绕时,使退出的纱线维持一定的张力而处于平直状态,这样不易松乱和发生扭结,接好纱头后便于重新把纱线绕上经轴。根据经纱退绕时储纱辊的运动方式分为升降式和摆动式两种储纱装置。

图 12-4 表示上摆式储纱装置的结构,主要由一组固定储纱辊 1、摆动储纱辊 2、夹纱板 3 和摆臂 4 等组

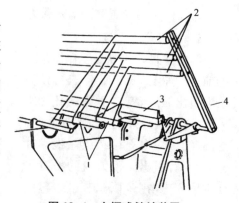

图 12-4　上摆式储纱装置

成；其储纱量为 10 m。

储纱退绕时，在机头处踩下脚踏开关的"反"开关，交流电动机驱动摆臂向上（向后）摆动，夹纱板夹紧经纱片，摆臂把经纱从经轴上拉出，直到找到断头为止。处理完断头后，踩下脚踏开关的"正"开关，经轴向前慢速卷绕，经纱将摆臂向下（向前）拉动，此时交流电动机失电，由于摆臂的传动链中摩擦离合器打滑，摆臂在经纱拉动下返回，当摆动储纱辊下降到固定储纱辊附近时，摆臂使夹纱板打开，同时交流电动机启动，使摆臂继续下降到达它的最低位置。这段时间内，纱线始终由主电动机以慢速向前卷绕，直到放松脚踏开关。

摆臂的最低和最高（最远）极限位置，由摆臂轴上的限位开关凸轮调整。摆臂的摆角不宜随意增加，以免使经纱在拉回摆臂时承受太大的张力。当经纱根数特别少而不能承受所需的总张力时，应使摆臂的摆动幅度不超过垂直位置，此时总储纱量少于 10 m。

摩擦离合器的摩擦力矩可以用螺母进行调节，在保证摆臂带动纱线上摆退绕时，能平稳地上升到垂直位置的前提下，离合器调得越松越好（上升过程中，摩擦片间允许平稳的相对滑动），以减少摆臂返回时纱线所受的张力；但在纱线根数较多和较粗时，如果要求总张力加大，可适当增加摩擦离合器的摩擦力矩。

（三）机头

整经机的机头部分主要由机头箱、经轴、主电动机及尾架组成。经轴的大小可以根据产品变化的要求进行更换，将安装经轴的轴头与支承尾架的导柱稍加调整，即可实现。经轴由直流电动机直接带动，为了保证在经轴直径变化时经纱的卷绕速度和卷绕张力不变，必须随着经轴直径的逐渐加大而逐渐降低直流电动机的转速。这个调节过程为：当经轴逐渐增大时，经纱线速度也相应增加，并带动导纱罗拉转速加快，此罗拉上的发电机的测速反馈电压增大；当大于预定标准时，通过继电器使伺服电动机倒转，电枢电压下降，迫使电动机减速，致使经轴转速下降，直到回复到预定的线速度。

在有些整经机上，为了使经轴纱层结构紧密，还装有压辊。它准确地位于两边盘之间，对纱层均匀施压，以获得平整的经轴。通常，张力装置能使经纱保持必要的均匀张力，已能满足经轴表面平整的工艺要求。只有在纱线张力要求特别低或对经纱密度有特殊要求时，才使用压辊。

（四）静电消除器

静电消除器的作用是将整经过程中纱线所产生的静电及时消除。在整经中，高速行进的经纱与金属机件等摩擦而产生静电。为了消除静电，除了在加油器中适当加入消除静电油剂外，在集丝板等部位装有电离式静电消除器，主要由变压器和电离棒组成，利用高电位作用下的针尖放电，使周围空气电离。当经纱片通过电离区时，所带静电被逸走，从而减少整经时的静电，保证了整经顺利进行。

（五）毛丝检测装置

为了进一步提高整经质量，现代整经机上还装有毛丝检测装置。它的作用是检测纱线中的毛丝、粗节，并予以消除。这种装置与经纱片平行，由光源、光敏元件组成。当光源发出的光线受到毛丝的遮挡时，光度发生变化，经放大使继电器作用，从而使整经机停机。

（六）伸缩筘

在整经机运转过程中，伸缩筘处在经轴前方，用来控制经纱的宽度。伸缩筘在偏心盘的作用下,沿经轴轴向做微小游动,使经轴形成轻微的交叉卷绕结构,防止嵌纱压丝,以改善退绕条件。随着经轴直径的逐渐增大,毛毡滚筒逐渐右移,通过杠杆系统,使伸缩筘逐渐上升,以保证其与经轴表面的相对位置不变,从而减小经纱张力的变化。

（七）加油器

加油是为纱线表面提供乳化油液,以改善纱线的集束性、减少毛丝,防止纱线在运行过程中产生更多静电。油辊的回转方向与经纱运动方向相向,当纱线经过加油辊表面时即沾上油液。纱线的加油量可通过改变加油辊的速度来调节。

（八）断纱自停装置和集纱板

纱架的前面有断纱自停装置,在整经过程中,当纱线发生断头时,自停装置会自动使经轴停止回转。集纱板的用途是按一定的排列次序集聚纱线,防止纱线在很长的经纱通路中发生混乱;一般采用由上自下、从中间向两边穿纱的排列秩序,使每根纱线穿入相应的瓷孔。

二、花色纱线整经机

供多梳经编机花色梳栉使用的经轴,经纱根数通常较少,可以采用轴经整经的方式,由这种整经机直接制成整个经轴。图 12-5 表示在一花色经轴上用几根纱线卷绕成几段的情况。经轴被两个回转的罗拉摩擦带动,因而不会因纱轴直径增大而影响纱线的卷绕速度。正面纱架上引出的经纱由导筘引导到经轴上,并做横向往复运动。导筘往复运动的动程应小于两个纱段同位点的距离,以便在两个纱段之间留有一定的距离。

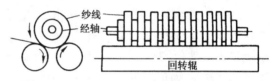

图 12-5　花色纱线整经机

三、弹性纱线整经机

聚氨酯弹性纱线,由于延伸性很大,以及与导纱机件有很高的摩擦系数,因而难以整经,用普通整经方法时纱线极易缠结,经纱张力也不稳定,因此必须使用专门的整经机。

图 12-6 所示为弹性纱线整经机的工作原理。弹性纱筒子 9 套在纱架纱筒 7 的纱筒芯座上,并由弹簧紧压在垂直罗拉 8 上。垂直罗拉由主电动机 11 传动,由于弹性纱筒子与罗拉间的摩擦,积极送出纱线,经张力传感装置 5、张力罗拉 4 积极传送,再由导纱罗拉 2 送出,最后由经轴 1 卷取进行整经。当需要停车时,机器的各部分能同步制动。图中 10 为无级调速器,3 和 6 为前后筘,12 为经轴电动机。

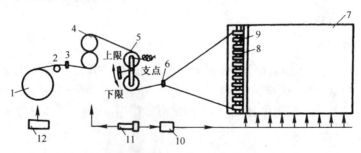

图 12-6　弹性纱线整经机

该弹性纱线整经机具有下列特点：

（一）积极送出弹性纱线的纱架

整个筒子架由几个独立的纱架组合而成。整经根数根据需要可以增减，纱架向着机头排成扇形，使前后纱架上各纱路间的差异尽可能降低，从而减少单纱间的张力不匀。图 12-7(a) 和(b) 分别为纱架正视图与俯视图。纱架上每排至多放三个筒子架，否则会因路线太长，纱线在通向张力罗拉的途中失去

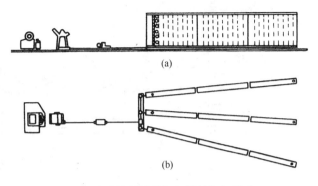

图 12-7　弹性纱线整经机的纱架与纱路

控制。每个筒子架上具有积极传动的垂直罗拉，按规定的速度均衡地送出纱线。为了确保经纱张力均匀，要求筒子架上所有的筒纱直径相同。

（二）张力传感装置

在整经过程中，随着纱线筒子直径的减小，退绕张力发生变化，并影响纱线的伸长量。为了保持张力稳定，弹性纱线整经机增加了张力传感装置。一对张力传感罗拉装在摇臂上，摇臂借拉簧和经纱张力保持平衡，摇臂轴端固有一只感应螺钉，螺钉随摇臂做同步摆动。当经纱张力过大时，螺钉覆盖在下限感应开关上，通过电子放大器使无级调速器加速，筒子退绕量增加，张力迅速减小；反之，当经纱张力过小时，通过上限感应开关和无级调速器使电动机减速，退绕量减少，直到张力恢复正常为止。

（三）牵伸装置

牵伸装置的作用是将导纱辊送出的弹性纱线在卷绕到分段经轴上之前进行适当的拉伸，以保持弹性纱平直。

这类整经机上有两个牵伸区，从纱架到张力罗拉为预牵伸区，罗拉运转速度与纱线的退绕速度成一定的倍数关系，即为弹性纱的预牵伸量。预牵伸量的大小由罗拉装置变速齿轮(A 和 B)的齿数决定，改变 A 和 B 的齿数可改变牵伸量，其范围为 $1:1\sim1:3.17$。

从张力罗拉到经轴为后牵伸区，经轴卷取速度与罗拉装置速度的比值为后牵伸量。因为是弹性纱，后牵伸量可以是正值，也可以是负值。总牵伸取决于经轴卷取速度与筒纱退绕速度之比值，应尽量保持稳定。为了保证整经质量，弹性纱线整经机的线速度一般在 300 m/min 以下。

除此之外，为了尽量减少弹性纱线与机器的接触点，所有导体的表面均为旋转结构，使纱线受到积极均匀的传动。

四、其他类型的整经机

（一）牵伸整经机

牵伸整经机可将原来在纺丝厂进行的牵伸工序，由具有牵伸能力的整经机来完成，所使用的原料为部分取向纱线(POY)或低取向纱线(LOY)。由此生产的经纱具有质量优、成本低的特点。图 12-8 所示为牵伸整经机简图。图中 1 为筒子架，2 为牵伸装置，3 为经轴

卷绕装置。

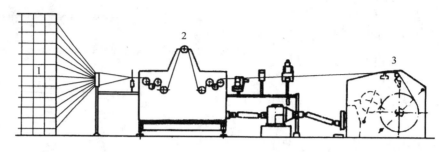

图 12-8　牵伸整经机简图

（二）高模量纱线整经机

高模量纱线整经机适用于具有很小延伸性和弹性的高模量纱线的整经，主要适用于玻璃纤维、碳纤维和芳香类聚酰胺纤维。该机结构简图如图 12-9 所示。图中 1 为筒子架，2 为分纱筘，3 为积极传动罗拉，4 为毛丝检测自停装置，5 为张力测量装置，6 为伸缩箱，7 为经轴。

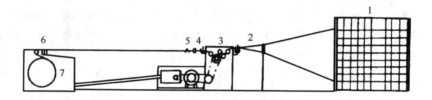

图 12-9　高模量纱线整经机

第十三章　经编机的成圈机件与成圈过程

第一节　钩针经编机的成圈机件与成圈过程

一、成圈机件

钩针经编机的成圈机件有钩针、沉降片、压板和导纱针。

（一）钩针

钩针用钢丝压制而成（图13-1）。安装时，针杆1嵌在插针槽板的槽内；而针踵2则插在插针槽板的小孔内，用于定位；在针槽板外面加上盖板，用螺丝固紧。钩针的各部段的尺寸与机号有关，由于钩针在针槽3处的宽度大于针头4处的宽度，因此在针的不同部段，针间间隙是不同的。当导纱针带着经纱通过针间间隙时，要注意这个因素。针钩长度直接影响织针的升降动程，因而与机器的速度有关。针钩短则压针时受力增加，使针头所受负荷和针杆变形加大；针钩过长，针的升降动程增加，影响机速。钩针在经编机上使用时，一般不制成座片，而是单根插入针槽板后再由盖板固定。这可减轻针床的自身重量，有利于机器运转平稳。

图13-1　钩针

（二）沉降片

沉降片由薄钢片制成，用来握持和移动旧线圈，配合钩针完成成圈过程，其形状如图13-2（a）所示，由片鼻1、片喉2和片腹3组成。片腹3用来抬起旧线圈，使旧线圈套到被压的针钩上。片喉2到片腹最高点的水平距离对沉降片的动程有决定性的影响。为便于安装，沉降片根部按机号要求的隔距，用含锡合金浇铸在一定宽度的座片内，如图13-2（b）所示。座片宽度为25.4 mm（1英寸）或30 mm（1.2英寸）。亦有用高强力轻塑料做座片的，如酚醛族塑料，其机械性能很好。沉降片需平直，无弯曲变形，表面光洁，无毛刺和棱角。

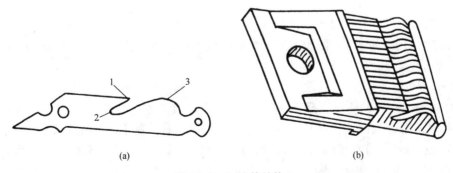

(a)　　　　　　　　　　　　　　　　(b)

图13-2　沉降片结构

（三）压板

压板用来将针尖压入针槽内，使针口封闭，其形状如图 13-3 所示。图中（a）为普通压板，（b）为花压板。普通压板工作时，对所有针进行压针，花压板的工作面带有一定规律的切口，可选择压针。压板前面的倾角对压板的作用有很大影响，通常为 55°。花式压板常与平压板结合使用，除前后摆动外，还能和梳栉那样进行沿针床方向的横向移动。一般采用布质酚醛层压板。

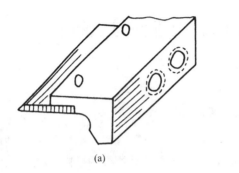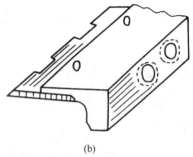

(a)   (b)

图 13-3　压板结构

（四）导纱针

导纱针由薄钢片制成，其头端有孔，用以穿入经纱。沿针床全幅宽平行排列的一排导纱针组成一把梳栉。在成圈过程中，梳栉上的导纱针引导经纱绕针运动，将经纱垫于针上。导纱针头端较薄，以利于带引纱线通过针间。针杆根部较厚，以保证具有一定的刚性。为了便于安装，通常将钩针的导纱针浇铸在合金座片内，如图 13-4 所示。座片宽 25.4 mm（ 1 英寸 ）或 50.8 mm（2 英寸）。

图 13-4　导纱针

导纱针的结构和要求与舌针经编机类似，都采用座片形式。

二、成圈过程

图 13-5 所示为一种钩针经编机的成圈过程。在成圈过程中，各主要成圈机件的位移如图 13-6 所示，曲线 1 为钩针的升降运动，曲线 2、3、4 分别为梳栉、沉降片和压板的前后运动。结合成圈机件的位移曲线，将成圈过程说明如下：

（一）退圈

在主轴转角 0° 时，针床处于最低位置，上一横列的新线圈刚形成，如图 13-5（g）所示。此时沉降片继续向机前运动，对刚脱下的旧线圈进行牵拉。导纱针处于机前位置，做针背横移。压板继续后退，以便让出位置，供导纱针后摆。

针上升进行退圈，在 100° 左右上升到一定高度（称为"第一高度"），使旧线圈由针钩内滑到针杆上，如图 13-5（a）所示。沉降片在 20° 时处于最前位置，由片喉将旧线圈推离针的运动线。另外，片鼻将新线圈压住，使其不致由于摩擦而随针杆一起上升。沉降片在 20°～50° 间稍向后退，以放松线圈，有利于线圈通过较粗的针槽部分，减少线圈上受到的张力和摩擦力。导纱针从 30° 开始向机后摆动，准备针前垫纱，80° 左右压板退到最后位置。

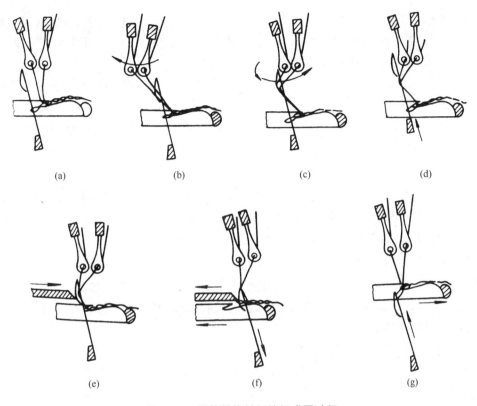

图 13-5　双梳栉钩针经编机成圈过程

（二）垫纱

在 130°左右时，导纱针摆到最后位置，如图 13-5（b）所示。针在第一高度近似停顿不动。导纱针摆到最后位置后就向前回摆，在它向后摆出针平面到向前摆到针平面期间，在针钩前横移（针前垫纱）。沉降片和压板基本维持不动。

在 180°左右，导纱针已摆到针背一侧，将经纱垫到所对应的针钩上，如图 13-5（c）所示。此时，压板开始向前运动，沉降片基本维持不动。

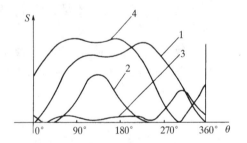

图 13-6　典型的钩针经编机成圈机件位移曲线

针自 180°起继续上升，在 225°左右到达最高点，使原来垫在针钩外侧的纱线滑落到针杆上，如图 13-5（d）所示，沉降片仍基本不动。导纱针在 230°左右摆回到针背后的最前位置，此后静止到下一成圈循环，再摆向机后。在此期间，导纱针做针背横移运动。压板继续向前运动，为压针做准备。

由上述可知，钩针经编机的垫纱过程较为复杂，先将纱线垫于针钩外侧，然后使纱线滑到针杆上。为此，针的上升过程分两次完成，并要在第一高度静止较长时间（80°左右），这样就减少了针可以运动的时间，并增加了机械惯性力。由于针的运动规律复杂而引起针的传动机构复杂化，这些都导致机器速度的提高受限。钩针经编机上，垫纱分两个阶段的目的在于改善垫纱条件，从而使成圈过程顺利进行。因为针和导纱针各部段的截面厚度不同，针头部分和导纱针的头端均比杆部薄。当导纱针带着经纱由针间摆过时,如针的相对位置较低,就可使容纱间隙增大,这可减少针和导纱针对纱线的擦伤,有利于纱线的通过。另外,针头位置较低,还可避免针头在导纱针摆过时挂住由导纱针孔引向经轴的纱段。

导纱针的高低与针头的相对位置,对垫纱过程能否顺利进行有很大影响,安装时要根据原料等条件加以调整。如果导纱针装得太高,垫纱将不可靠,纱线易从针头滑脱,造成漏针疵点。如果导纱针装得太低,形成插针过深,当经纱摆过针间时,容纱间隙减小,易擦伤纱线,甚至针头挂住导纱针孔上方的纱线,造成断头。

（三）带纱

钩针从主轴转角 235°时开始下降,使原来略低于针槽的新纱线移到针钩下方,完成带纱动作。压板继续向前移动,准备压针,当针钩尖下降到低于沉降片上平面 0.5～0.7 mm 时,压板开始和针鼻接触,如图 13-5(e)所示。

（四）闭口和套圈

在主轴转角 300°左右,压板到达最前位置,即压针最足、针口闭合,如图 13-5(e)所示。在主轴转角 240°～316°期间,沉降片迅速后退,由片腹将旧线圈抬起,进行套圈,如图 13-5(f)所示。此时,针继续下降。

压针过程与成圈质量和机器正常运转的关系密切。压针最足时,针尖应完全没入针槽,并且整排针一致,以便有效地将旧线圈和新纱线隔开。如压针不足,旧线圈可能再次引入针钩内,造成花针疵点。如压针过甚,则使机器的运转负荷加重,并增加针和压板的磨损。另外,为了使压针动作正确可靠,压针最足时,压针的作用点应在针鼻(即针钩的折弯点)处。如果压针作用点过高,将造成压针不足。压针作用点过低,就有可能使压板滑到针钩尖下方,造成大量针损坏。

压板离开钩针的时间必须和套圈很好配合。为保证套圈可靠,当旧线圈上移到接近压板压住针鼻的部位时,压板才可释压,否则会形成花针断纱等疵点。

（五）弯纱、脱圈、成圈和牵拉

套圈后针继续下降,钩住经纱进行弯纱,压板向后运动。当针头下降到低于沉降片片腹最高点(或最高点附近)时,旧线圈由针头上脱下,完成脱圈。此时沉降片向前运动,对旧线圈进行辅助牵拉,如图 13-5(g)所示。针在主轴转角 360°时下降到最低位置,形成一定大小的线圈。线圈长度基本不再变化,只在下一横列形成时,可能有回退现象产生。

在针的下降过程中,要注意其速度是不同的。在带纱阶段(235°～280°),针以较快速度下降。在压针阶段(280°～310°),针的下降速度减慢,减少针和压板的磨损。在脱圈、成圈阶段(310°～360°),针又以较快速度下降,有利于迅速完成脱圈和成圈动作。

就成圈过程来说,线圈长度取决于成圈阶段针头离开沉降片片喉的垂直距离和片喉伸过针背的水平距离。但实际上,经纱张力和坯布牵拉力的大小,对线圈长度也有一定的影响。成圈时,形成新线圈所需要的纱线,一方面从导纱针方向拉过来,即由送经装置喂入;另一方面,也有可能从前面刚脱下的旧线圈中拉过来,即所谓的"回退"。回退量的多少取决于成圈时经纱张力与牵拉力的对比。纱线张力较大时,由导纱针方向拉过纱线比较困难,所以回退量较多,从而使坯布密度增加;当经编坯布的牵拉力较大时,回退量较小,坯布密度也相应减小。因而,回退量的多少直接影响到线圈长度和坯布密度。

第二节　舌针经编机的成圈机件与成圈过程

一、成圈机件

舌针经编机的成圈机件有舌针、栅状脱圈板（即针槽板）、导纱针、沉降片和防针舌自闭钢丝。它们相互配合，完成成圈过程。

（一）舌针

舌针是舌针经编机的主要成圈机件，对产品质量有直接关系。如图 13-7(a)所示，针钩 1 用以拉取纱线，串套过旧线圈，以形成新的线圈，一般较短，但对于某些花边经编机，为满足特殊需要，常采用长钩针。针舌 2 的作用是封闭针口，使旧线圈顺利通过针头而脱落，针舌长度对舌针动程有决定性影响，从而影响到经编机的速度。针槽 3 是装置针舌并使其转动的部位。针舌销 4 用以穿插针舌，作为针舌转动的轴心。针杆 5 为一扁平杆状物，是针钩及针舌等的支承体。针脚 6 可有不同形状，如曲折、打孔、刻槽等，从而使铸入低熔点合金座片内的针体牢固。使用短舌针是提高舌针经编机速度的有效措施。

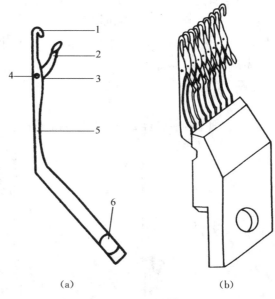

(a)　　　　　(b)

图 13-7　舌针

由于舌针的垫纱范围较大，故适宜于多梳栉经编机，以编织花型复杂的经编织物。此外，舌针适用于加工短纤纱。舌针浇铸在合金座片上，如图 13-7(b)所示。合金座片的宽度为 25.4 mm(1 英寸)或 50.8 mm(2 英寸)。合金成分的种类很多，一般采用铅锡合金。

（二）栅状脱圈板

栅状脱圈板是一块沿针床全幅宽配置的金属板条，其上端按机号要求铣有箅齿状的沟槽，舌针就在其沟槽内做上下升降运动，进行编织。在针头下降到低于栅状脱圈板的上边缘时，旧线圈被其挡住，从针头上脱下，所以其作用为支持完成编织的坯布。栅状脱圈板可上下调节，从而改变其顶面和最低位置的织针针头的距离，以调节成圈的弯纱深度。在高机号经编机上，通常采用薄钢片铸成的座片形式，如图 13-8 所示，再将座片固定在金属板条上，并在后面装以钢质板条，以形成脱圈边缘。薄钢片损坏时，可以将座片更换。

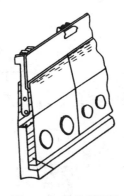

图 13-8　栅状脱圈板

（三）沉降片

沉降片由薄钢片制成，其根部按针距浇铸在合金座片内，如图

13-9 所示。沉降片安装在栅状脱圈板的上方位置。当针上升退圈时,沉降片向针间伸出,将旧线圈压住,使其不会随针一起上升。这对于编织细薄坯布时使机器以较高速度运转具有积极作用。低机号机器采用较粗的纱线编织粗厚的坯布时,因为坯布的向下牵拉力较大,依靠牵拉力就可起到压布作用,故可不用沉降片。

图 13-9 沉降片

（四）导纱针

舌针经编机的导纱针同钩针经编机。

（五）防针舌自闭钢丝

防针舌自闭钢丝沿针床全幅宽横贯固定在机架上,位于针舌前方并距离针床一定距离处;或装在沉降片支架上,与沉降片座一起摆动。当针上升至针舌打开后,由它拦住开启的针舌,防止针舌自动关闭而造成漏针现象。

二、成圈过程

现以普通双梳舌针经编机为例说明成圈过程,如图 13-10 所示。

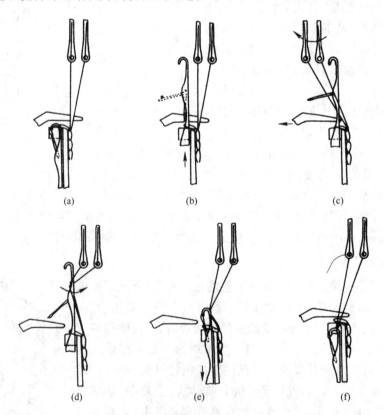

(a)　　　　　(b)　　　　　(c)

(d)　　　　　(e)　　　　　(f)

图 13-10 舌针经编机的成圈过程

（一）退圈

在上一成圈过程结束时,舌针处于最低位置,准备开始新的成圈过程,如图 13-10(f) 所示。

成圈过程开始时,舌针上升进行退圈,沉降片向机前压住坯布,使其不随织针一起上升。导纱针处于机前位置,继续进行针背横移,如图 13-10(a)所示。针上升到最高位置,旧线圈滑到针杆上。由于安装在沉降片上方的防针舌自闭钢丝的作用,针舌不会自动关闭,如图 13-10(b)所示。

（二）垫纱

梳栉上的一排导纱针向机后摆动,将经纱从针间带过,直到最后位置,如图 13-10(c)所示。此时,导纱针在机后进行针前横移,一般移过一个针距;在编织衬纬组织时,衬纬梳栉不做针前横移。此时,沉降片向机后退出。然后,梳栉摆回机前,导纱针将经纱垫绕在所对应的针上,如图 13-10(d)所示。

（三）闭口和套圈

在完成垫纱后,舌针开始下降,如图 13-10(e)所示,新垫上的纱线处于针钩内。沉降片到达最后位置后又开始向前移动。

（四）弯纱、成圈和牵拉

舌针继续向下运动,将针钩内的新纱线拉过旧线圈。由于旧线圈为栅状脱圈板所支持,所以旧线圈脱落到新纱线上。在针头下降到低于栅状脱圈板的上边缘后,沉降片前移到栅状脱圈板上方,将经纱分开,如图 13-10(f)所示。此时,导纱针做针后横移。

针下降到最低位置进行弯纱后,就形成一定长度的新线圈。旧线圈在织物牵拉力作用下,沿栅状脱圈扳的前侧斜面下移,使刚形成的线圈向前翻转,从而使织针再次退圈上升时不会重新穿入上一横列的旧线圈中。

第三节　槽针经编机的成圈机件与成圈过程

一、成圈机件

（一）槽针

槽针是一种复合针,由针身和针芯两部分组成。其针身是一根带沟的槽杆,针芯在槽内做相对滑动,与针身配合,进行成圈。图 13-11 中,A 为针芯,B 为针身。针身由针钩 1、针口 2、针槽 3 和针杆 4 组成。它的最大优点是织针的运动动程小于舌针和钩针,与同类型经编机相比,槽针的动程可比钩针小 1/4 左右。虽然槽针必须采用单独传动针芯的机构,但省去了压板,且其运动规律比钩针简单得多,传动机构的结构也比较简单,这是它可以适应高速的原因之一。槽针由于制造和使用均较方便,得到了广泛采用。

图 13-11(b)和(c)所示为一种槽针的结构,

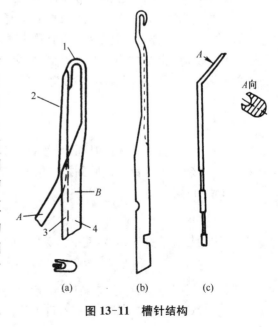

图 13-11　槽针结构

针钩处比针杆薄,以保证导纱针摆过时有较大的容纱间隙。针杆处因需要铣槽,为保证较大的刚度,厚度较大。在针芯没入针杆槽后,可供垫纱的部位较小(一般机号约为 2.8 mm),因此要求导纱针与槽针精确配合工作。

槽针针身可单个地插放在针床的插针槽板上;或以数枚一体浇铸于针座上再将针座安装在针床上,如图 13-11 所示的槽针结构。针芯由头部和杆部组成。其头部和杆部间弯曲成一定的角度。针芯头部嵌入槽针针身的槽内,做相对滑动。针芯一般以数枚一组浇铸在合金座片上,针芯应相互平行,其间距与针身的间距精确一致。

(二)沉降片

槽针经编机上采用的沉降片有两种形式,随机型而不同。特利柯脱型机采用的沉降片如图 13-12 所示,也由片鼻、片喉和片腹组成;其特点是片腹不鼓起而呈平面状,因为这里不需要像钩针机那样借助片腹加速套圈。另外,与同机号的钩针经编机相比,因为槽针针杆比钩针针杆厚,所以沉降片的厚度要稍薄一些,其片头和片尾均浇铸在合金座上。拉舍尔型槽针经编机采用的沉降片同拉舍尔型舌针经编机。

图 13-12　沉降片结构

(三)导纱针

和钩针经编机的导纱针相同。

二、成圈过程

特利柯脱型槽针经编机的成圈过程如图 13-13 所示。

(一)退圈

成圈开始前,槽针(包括针身和针芯)处于最低位置,沉降片继续向前运动,将旧线圈推离针的运动线,如图 13-13(a)所示。此后,针身先开始上升,如图 13-13(b)所示。在针身上升一小段时间后,针芯亦上升,但针身的上升速度较快,所以两者逐渐分开。当针芯头端没入针槽内时,针口开启,此后两者同步上升到最高位置,旧线圈退到针杆上,如图 13-13(c)所示。此时,沉降片以片喉握持旧线圈,导纱针已开始向机后摆动,但在针到达最高位置前,导纱针不宜越过针平面。

(二)垫纱

针在最高位置静止一段时间,导纱针摆到最后位置,做针前横移,准备垫纱,如图 13-13(d)所示。接着,导纱针又摆回到机前位置,将经纱垫在开启的针口内,完成垫纱。

(三)闭口

垫纱完毕后,针身先下降,如图 13-13(e)所示。接着针芯也下降,但下降速度比针身慢,所以针钩尖与针芯头端相遇,使针口关闭,如图 13-13(f)所示。

(四)套圈

闭口之后,针身和针芯同速下降,使旧线圈相对滑移到关闭针口的针芯上。沉降片快速后退,以免片鼻干扰纱线,如图 13-13(f)所示。

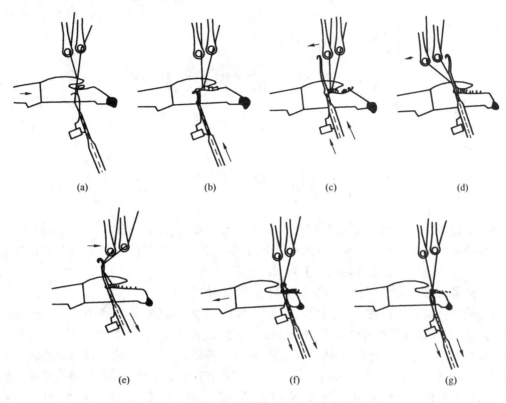

图 13-13 特利柯脱型槽针经编机的成圈过程

（五）脱圈、弯纱、成圈和牵拉

针身和针芯以相同速度继续向下运动，当针头低于沉降片片腹时，旧线圈由针头上脱下，如图 13-13(g)所示。此阶段，沉降片在最后位置，导纱针在最前位置不动。然后，沉降片向前运动，握持刚脱下的旧线圈，并将其向前推离针的运动线，进行牵拉，完成成圈，如图 13-13(a)所示。此阶段，导纱针在机前做针背横移。

图 13-14 所示为拉舍尔型槽针经编机的成圈机件配置图。其成圈过程与舌针经编机十分相似，只是由相对移动的针芯来代替针舌的作用。

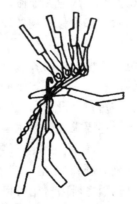

图 13-14 拉舍尔型槽针经编机的成圈机件配置

第十四章 梳栉的横移

第一节 梳栉横移的工艺要求

在成圈过程中,梳栉不仅做前后摆动,同时沿针床做横向移动。梳栉横移机构就是使梳栉进行横向移动的装置。根据不同的花纹要求,它能对一把或数把梳栉起作用,并与梳栉摆动相配合进行垫纱。梳栉的横移必须满足下列工艺要求:

(1) 根据织物组织结构进行横移,横移量应为针距的整数倍

导纱梳栉针前横移一般为1个针距,也可以为2个针距(重经组针距织)或0针距(缺垫组织,衬纬组织);而针背横移可以为1个针距、2个针距或者更多,也可以为0针距。由于导纱梳栉需要在针前和针背进行横移,因此在主轴一转中,控制梳栉横移的花纹滚筒必须转过两块链块,其中一块链块完成针前横移,另一块链块完成针背横移。这种采用两块链块完成一个成圈过程的方式叫作二行程式,大多数舌针经编机采用二行程式。在二行程式经编机中,当采用的链块规格一致时,针前与针背横移时间相等,对于针背横移的针距数较少的组织比较适合。但对于针背横移的针距数较多的组织结构来说,较大的针背横移通常会引起梳栉的剧烈振动,且影响垫纱的正确性,对提高速度不利,可以采用三行程式。编织一个横列采用三块链块的方式称为三行程式。它将针背横移分两次完成,即由两块链块完成针背横移,这对于降低梳栉针背横移速度是有利的。

(2) 横移时间必须与摆动密切配合

当导纱针摆动至针平面时,梳栉不能进行横移,否则会发生撞针。

(3) 梳栉横移运动符合动力学要求

在编织过程中,梳栉移动时间极为短促,故应保证梳栉横移平稳,速度无急剧变化,加速度小,无冲击。随着经编机速度的提高,对梳栉横移机构的要求愈来愈高,由直线链块变成曲线链块,现在普遍使用花盘凸轮。

梳栉横移机构可分为机械式和电子式两种。两者虽然工作形式不同,但其工作原理基本相同。机械式梳栉横移机构按对导纱横移的作用方式不同可分为直接式和间接式,按花纹滚筒数目可分为单滚筒和双滚筒。为了缩短花型设计和上机时间,快速变换市场所需品种,传统使用的机械式梳栉横移机构难以满足上述要求。以采用链块横移机构的多梳经编机为例,随着导纱梳栉的增加和花型完全组织的扩展,链块总数甚至数以万计,重达数吨,调换链块、链条需要动用起重设备,翻改一个花型要停机数周。用电子导纱梳栉横移机构取代链块机构就能克服上述弊端,不仅变换品种方便快捷,而且所需费用可以降低,因而在现代经编机中得到广泛使用。

第二节　梳栉横移机构的工作原理

一、直接式梳栉横移机构

直接式梳栉横移机构可分为链条式和凸轮式两种，是由横移机构中花纹信息机件使转换机件获得水平运动，再由与其连接的水平推杆直接推动导纱梳栉进行横移的一种作用方式，主要应用于高速经编机和花边机的地梳栉控制。

（一）链条式梳栉横移机构

链条式梳栉横移机构的形式有多种，但基本结构和工作原理相似。图 14-1 为一种经编机链条式梳栉横移机构的传动简图。

经编机主轴上装有链轮 5，通过链轮 4 的传动轴 3 传动蜗杆 6，再传动蜗轮 7。由于蜗轮 7 和花板轮 8 固装在同一轴上，所以花板轮 8 带着装于其外缘凹槽内的花纹链条转动。此时花板按顺序与转子 2 接触，通过撑杆 1 使梳栉发生横向移动。梳栉右面的尾部受弹簧作用，使转子始终与花板接触。如果花板轮圆周上共包覆 48 块花板，而主轴一转，花板轮转 1/16，则每三块花板编织一个横列，即在一个成圈循环中，梳栉做三次横向移动。这种梳栉横移机构称为三行程机构。由于花板

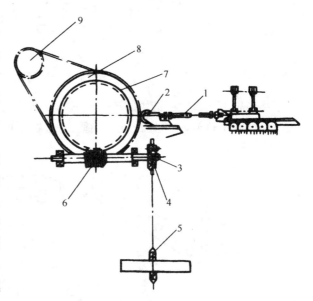

图 14-1　链条式梳栉横移机构传动简图

轮每转相应于编织 16 个横列，因此完全组织的横列数为 16 的约数（2，4，8，16）。若编织大花纹，可用链条延长装置。

图 14-2 的上部为花板轮，其外缘有凹槽 2。链块按一定的规律用销钉 1 连接，组成花板链条。销钉伸出的头端放在花板轮的凹槽 2 内，使花板链条与花板轮一起回转。花板轮表面能安置两组链条，分别控制两把梳栉的横移。

控制梳栉的花板链条，一般由四种不同形式的链块（也称为花板）连接而成。图 14-2 的下部为四种不同形式的链块。

普通花纹链块的形状如图 14-2 所示。按高度不同，链块分为 0 号、1 号、2 号、3 号……每一号链块按其斜面的多少和位置不同，分成 a 型（无斜面，又称平链块）、b 型（前面有斜面，又称上升链块）、c 型（后面有斜面，又称下降链块）、d 型（前后均有斜面，又称上升下降链块）四种类型。0 号链块最低，只有 a 型，故没有比它低的链块和它连接。每增高一号，则增加该机的一个针距高度。如机号为 32 针/30 mm，则针距为 0.937 5 mm。不同号数的链块的高度不同，相邻号数的链块的高度差为 0.937 5 mm。

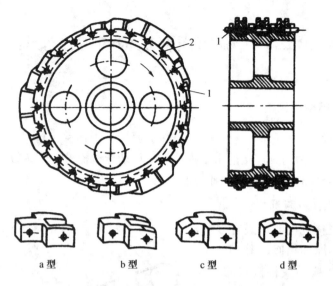

图 14-2　普通花纹链块的形状

　　将各种不同高度的链块的单头插入下一链块的双头内,并通过销子连接成花纹链条,再嵌入滚筒的链块轨道,便装配成花纹滚筒。链块之间的高度差等于梳栉横移距离。链块排列如图 14-3 所示。

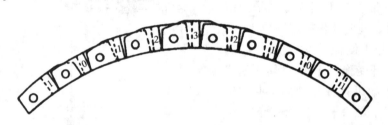

图 14-3　链块排列

　　相邻链块的搭接原则为:每一块链块应双头在前,单头在后(保证运动平稳无冲击);高号链块的斜面与低号链块的平面相邻。

　　链条排列的方法一般采用二行程式和三行程式。二行程式是指用两块链块进行一个横列的编织,在针前进行一次横移,针背进行一次横移。如一种组织的垫纱数码为"1—0,2—3",用二行程式排列,如图 14-4 所示。三行程式是指采用三块链块编织一个横列,在针前移动一次,在针背移动两次。如上例组织用三行程式排列,垫纱数码为"1—0—1,2—3—2",链条排列如图 14-5 所示。其中"1—0"仍是针前横移,针背横移采用两块链块,分两次完成,每次横移一个针距,"0—1"为第一次,"1—2"为第二次。

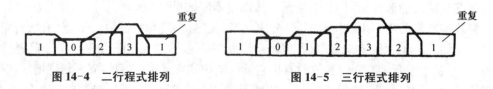

图 14-4　二行程式排列　　　　　　　图 14-5　三行程式排列

（二）花盘凸轮式梳栉横移机构

经编机的梳栉横移，除了采用花纹链条外，也可用花盘凸轮来实现，在现代高速经编机上已得到广泛应用。如果花盘上的线圈横列数可以被花型循环数整除，就可以使用花盘凸轮。如图14-6所示，花盘凸轮和曲线链块一样，也具有曲线表面，使得横移运动非常精确。

根据完全组织高度，"每横列链块"数目也可以数字化。如高度为 10 横列的完全组织，对主轴而言，花盘的缩小齿轮比例为 1：10，意味着每横列 4.8 块链块。

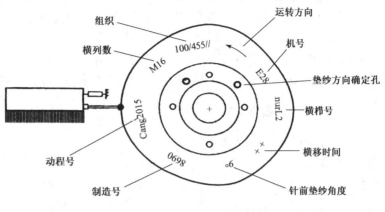

图 14-6 花盘凸轮

花盘凸轮使梳栉横移非常精确，机器运行平稳，且速度高。它减少了存储空间，不会出现因链块装错或杂质在槽道内搁置而影响机器正常运转等问题。采用花盘凸轮可以很方便地进行行程数变换，并能设计出 10 横列、12 横列、14 横列、16 横列、18 横列、20 横列、22 横列和 24 横列的完全组织花纹。二行程的花盘凸轮只用于拉舍尔经编机。花纹循环的变换只需更换齿轮 A、齿轮 B 和齿形带长，以改变主轴与花纹滚筒之间的传动比。这种机构主要应用于特利柯脱经编机和高速拉舍尔经编机。

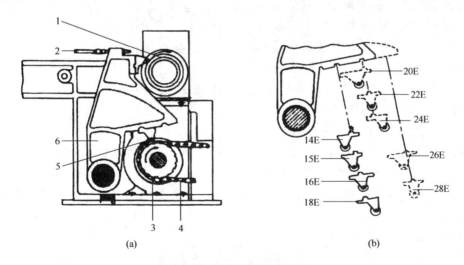

图 14-7 EH 型梳栉横移机构

二、间接式梳栉横移机构

图 14-7 所示为多梳栉拉舍尔经编机常用的 EH 型梳栉横移机构。该机构由两个部分组成，如图中(a)所示。上滚筒 1 可由上述的链条式或凸轮式直接对地梳栉进行控制。下滚筒 3

对梳栉的作用是间接式的,其工作原理是:转子 5 从下滚筒链条 4 上获得垂直方向的运动,并通过杠杆 6 与连杆 2 的作用转换成推动梳栉横移的水平运动。这种横移机构通常用于多梳栉花边机对花梳的控制,其横移距离取决于相邻两块链块的高度差及杠杆比。

链条上相邻两块链块的高度差与梳栉横移距离的比通常为 1∶2,横移量的放大是通过杠杆来实现的。也就是说,当相邻号数的两块链块高度相差一个针距时,经过杠杆放大后,可以使其控制的梳栉发生两个针距的横移量。另外,在这种机构中采用相同的花纹链块,只要变换接触转子托架及其在横移杠杆上的安装位置,就可改变杠杆比,适应不同的机号,如图 4-17(b)所示。

三、电子梳栉横移机构

电子梳栉横移机构主要包括电脑控制器、电磁执行元件和机械转换装置。其中,机械转换装置如图 14-8 所示,由一系列偏心 1 和斜面滑块 2 组成,通常含有 6～7 个偏心,对于 6 个偏心组成的横移机构,斜面滑块则为 7 段。每段滑块的上下两个端面(最上面和最下面的滑块只有一个端面)呈斜面,相邻两滑块之间被偏心套的头端转子 3 隔开,形成不等距的间隙。当电脑控制器未收到梳栉横移信息时,在电磁执行元件的作用下,偏心 1 转向右端,偏心套转子 3 也右移,被转子隔开的滑块在弹簧作用下合拢;反之,当电脑控制器收到梳栉横移信息时,在电磁执行元件的作用下,偏心转向左端,偏心套转子也左移,被转子隔开的滑块在转子的作用下扩开,两滑块的间隙加大。滑块上方与一水平摆杆 4 相连,并通过直杆 5 作用于梳栉推杆。由图可知,滑块扩开,使梳栉 7 右移;反之,滑块在弹簧 8 的作用下合拢,使梳栉 7 左移。

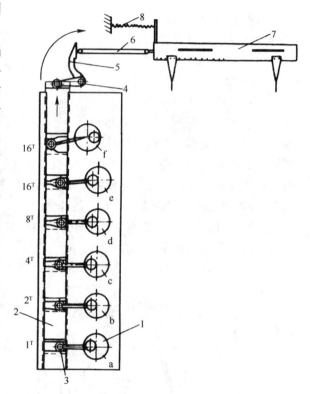

图 14-8　累加式机械转换装置

在每个转子处,两个滑块端面的坡度不同,因而两滑块之间的间隙也不同,但它们都为针距的整数倍。各个偏心所对应的间隙具体如下:

对应的偏心编号:a, b, c, d, e, f;

间隙相差针距数:1, 2, 4, 8, 16, 16。

根据花型准备系统的梳栉横移信息,在电脑控制器和电磁执行元件的作用下,可使偏心按一定顺序组合向左运动,它们所产生的移距累加,便可得到各种针距数的横移。由于滑块斜面均按简谐运动曲线设计,使转子运动平稳可靠,每一横列梳栉最多可达 16 个针距的横移,比花板传动更为优越。上述不同移距的组合可以累计产生达 47 个针距的梳栉横移。电子梳栉横移机构一般用于多梳拉舍尔经编机。

第十五章　送经与牵拉卷取

第一节　送　　经

一、送经要求

送经量稳定与否直接影响经编机的效率和坯布质量,因此,送经运动必须满足以下基本要求:

(1)送经量与组织结构用纱量相一致

对于不同的经编组织,送经装置能瞬时改变其送经量。

(2)保证正常成圈条件下降低平均张力及张力峰值

过高的平均张力及张力峰值不仅影响经编机编织过程的顺利进行,也有碍织物外观,严重时还会使经纱过多拉伸,造成染色条痕等潜在织疵。但不恰当地降低平均张力,会使最小张力过低,造成经纱松弛,使经纱不能紧贴成圈机件而完成精确的成圈运动。

(3)送经量始终保持精确

送经量习惯用"腊克"(rack)表示,即编织 480 个线圈横列所需要送出的经纱长度。当送经装置的送经量产生波动时,轻则造成织物稀密不匀而形成横条痕,重则使坯布平方米克重发生差异;即使送经量有微量的差异,也会产生一个经轴比其余经轴先用完的情况,从而导致纱线浪费。

二、送经机构

送经机构的种类很多,可以分为机械式和电子式。根据经轴传动方式,机械式送经机构又可以分为消极式送经机构和积极式送经机构。下面分别阐明其结构及工作原理:

(一)机械式送经机构

1. 消极式送经机构

由经纱张力直接拉动经轴进行送经的送经机构,称为消极式送经机构。消极式送经机构的送经量是由经纱张力控制的,没有专门传动经轴的机构。消极式送经机构结构简单、调节方便,适合于编织送经量多变的花纹复杂的组织。由于经轴转动惯性大,易造成经纱张力较大的波动,所以这种送经方式只能适应较低的运转速度,一般用于拉舍尔经编机。该类送经机构根据不同控制特点又可分为经轴制动和可控制的经轴制动两种形式。采用消极式送经机构,机器可达到的速度最高为 600 r/min。图 15-1 所示为一种消极式送经机构,1 为制动滚筒,2 为轴芯,3 为制动绳,4 为轴承,5 为经轴,6 为经纱,7 为张力杆,8 为弹簧,9 为调节螺帽,10 为导纱针。

2. 积极式送经机构

由经编机主轴通过传动装置驱动经轴回转进行送经的机构,称为积极式送经机构。积极式送经机构由纱线的运动速度来控制经轴的回转速度。随着编织进行,经轴直径逐渐变小,因此主轴与经轴之间的传动装置必须相应增加传动比,以保持经轴送经速度恒定,否则送经量将愈来愈少。在现代高速特利柯脱和拉舍尔经编机中,最常用的是定长积极式送经机构,还有一些较为特殊的送经机构。下面以线速度感应式积极式送经机构为例:

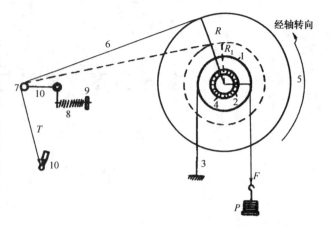

图 15-1　消极式送经机构

这种送经机构由主轴驱动,以实测的送经速度作为反馈控制信息,用以调整经轴的转速,使经轴的送经线速度保持恒定。

线速度感应式送经机构有多种类型,但其主要组成部分及作用原理是相同的。图 15-2 所示为该类机构的组成与工作原理。主轴经定长变速装置 1 和送经无级变速器 2,以一定的传动比驱动经轴退绕纱线,供成圈机件连续编织成圈。为保持经轴的送经线速度恒定,该机构还包含线速度感应装置 3 和比较调整装置 4。比较调整装置有两个输入端和一个输出端。图中比较调整装置的左端 A 与定长变速装置相连,由它所确定的定长速度由此输入;右端 B 与线速度感应装置相连,实测的送经线速度由此输入。当两端输入的速度相等时,其输出端 C 无运动输出,受其控制的送经无级变速器的传动比不变动;当两者不同时,输出端有运动输出,从而改变送经无级变速器的传动比,使实际送经速度保持恒定。

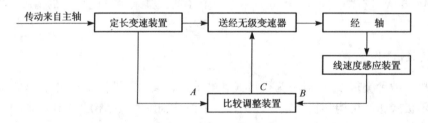

图 15-2　线速度感应式送经机构工作简图

(二) 电子式送经机构

随着经编机向更高速度及织物品种向多样化发展,送经机构必须不断地发展,以满足更精确控制送经量和更适合于高速的要求。电子式送经机构就是根据这一要求设计的。

1. EBA 电子送经机构

EBA 电子送经系统作为特利柯脱与拉舍尔经编机的标准配置,主要应用于花纹循环中纱线消耗量恒定的场合。图 15-3 为 EBA 电子送经系统原理框图。它的工作原理与线速度感应机械式送经机构基本相同。其基准信息取自于主轴上的交流电动机,当实测送经速度与预定送经速度不相等时,通过变频器使电动机增速或减速。

在反馈性能上,由于机械式送经机构存在许多传动间隙,致使控制作用滞后于实际转速的变化,因而不能满足更高速度的送经要求。特别在停车与开车的过渡时刻,易造成送经不匀,出现停车横条。而电子信号的传导速度接近光速,因此在理论上能跟踪开停车时刻的急速变化信息,有可能消除或减少停车横条。此外,由于电子送经的传动源直接来自直流电动机,而不是来自主轴,为实现间歇送经带来了方便。

EBA 系统配置一个大功率的三相交流电动机和一个带有液晶显示的计算机,机器的速度和送经量可以方便地使用键盘输入,并且送经可以编程。设定速度时,在 EBA 计算机上,只要简单地按一下键,可使得经轴向前或者向后转动,在上新的经轴时非常方便。

新型的 EBA 电子送经系统还具有双速送经功能,每一经轴可在正常送经和双速送经中任选一种。另外,为了获得特殊效应的织物,经轴可以在短时间内向后转动或者停止送经。

2. EBC 电子送经机构

EBC 电子送经机构主要包括交流伺服电动机和可连续编程送经的积极式经轴传动装置。图15-4 显示了该机构的组成和工作原理。

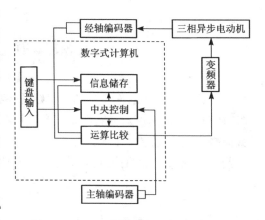

图 15-3　EBA 电子送经系统原理框图

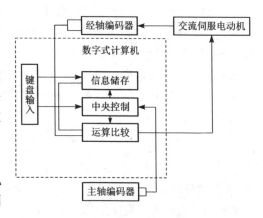

图 15-4　EBC 电子送经机构组成与工作原理

在启动经编机前,必须先通过键盘将某些参数输入计算机,如经轴编号、经轴满卷时外圆周长、停车时空盘头周长、满卷时经轴卷绕圈数、该经轴每腊克的送经长度。其中每腊克送经长度不一定固定,可以根据织物组织结构的需要任意编制序列,最多可编入 199 种序列,累计循环可达 800 万线圈横列。该机构中经轴脉冲信号来自经轴顶端,而不是取自于经轴的表面测速辊,因而反映的是经轴转速,而不是经轴线速度。但计算机可以根据所输入的经轴在空卷、满卷时的直径,以及满卷时的绕纱圈数逐层计算出经轴瞬时直径,并结合经轴脉冲信号折算成表面线速度,而后将此取样信息输入微机,与储存器中的基准信息一一比较。如果取样与基准信息一致,则计算器输出为零,交流伺服电动机维持原速运行。当取样信息高于或低于基准信息时,计算机输出不为零,将在原速基础上对交流伺服电动机进行微调。由于采取了这种逐步逼近的控制原理,送经精度可以大大提高,其控制精度可达 1/10 个横列的送经长度。

EBC 电子送经机构的突出优点是具有多速送经功能,为品种开发提供了十分有利的条件。目前,这种电子送经机构不仅广泛用于高速经编机,也可用于拉舍尔经编机。

第二节　牵　拉　卷　取

牵拉卷取机构的作用是把编织好的坯布从成圈区域牵引出来并卷成布卷。经编机在运转时,坯布牵拉的速度对坯布的密度和质量都有影响。机上坯布的纵向密度随着牵拉速度的增大而减小,反之亦然。因此,为了得到结构比较均匀的经编坯布,就必须保持牵拉速度恒定。实践证明,在高速经编机上采用连续的牵拉卷取机构,可以得到结构均匀的经编坯布。

一、牵拉机构

(一) 机械式牵拉机构

图 15-5 所示为一种机械式牵拉机构。从主轴来的动力,经皮带轮 1 和 2 及齿轮 3 和 4,再经齿轮 5 和 6,最后传至与齿轮 7 同轴的牵拉辊,通过牵拉辊的转动对坯布进行牵拉。齿轮 7 传动齿轮 8 进行坯布长度计数。如要改变牵拉速度,即所编织坯布的纵向密度,只需更换变换齿轮 A(与齿轮 4 同轴,图中未画出)和 B(与齿轮 6 同轴,图中未画出)。机上附有密度表,根据所需的坯布密度就可查到变换齿轮 A 和 B 的齿数。

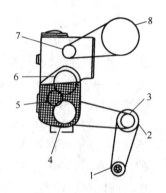

图 15-5　机械式牵拉机构

(二) EAC 和 EWA 电子式牵拉机构

EAC 电子式牵拉机构装有变速传动电动机,取代了传统的变速齿轮传动装置,通过计算机将可变化的牵拉速度编制程序,可获得诸如褶裥结构的花纹效应。EWA 电子式牵拉机构仅在 EBA 电子送经的经编机上使用,可以实现线性牵拉或双速牵拉。

二、卷取机构

(一) 径向传动(摩擦传动)卷取机构

该机构如图 15-6(a)所示,织物通过摩擦传动而被卷取。

(二) 轴向传动(中心传动)卷取机构

该机构如图 15-6(b)所示,安装在独立的经轴架上,织物卷布辊被紧固在经轴离合器上,卷取张力通过一摆动杠杆和摩擦离合器维持恒定,卷绕张力可调节。

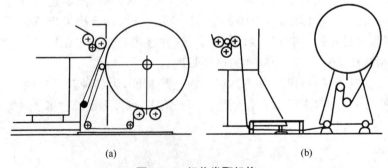

(a)   (b)

图 15-6　织物卷取机构

第十六章　经编组织

第一节　单梳组织

一、编链组织

编链组织是由一根纱线,始终在同一枚织针上垫纱成圈而形成的线圈纵行,如图 16-1 所示。由于垫纱方法的不同,可分为闭口编链和开口编链。图 16-1 中,(a)为闭口编链,(b)为开口编链。在编链组织中,各纵行间无联系,故不能单独使用,一般与其他组织复合成经编织物。如在某组织的相邻纵行局部采用编链,因无横向联系而形成孔眼。该组织是形成孔眼的基本方法之一。

编链组织的特性是:①纵向延伸性小,而且取决于纱线的弹性,经常利用编链组织与其他组织相结合,减少所形成组织的纵向延伸性;②编链组织可逆编织方向脱散,

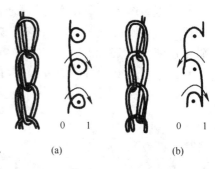

(a)　　　　(b)

图 16-1　编链组织

常利用这一特性来分离织物,如采用编链组织参与花边的编织,再在花边坯布的后整理时将编链脱散,就可形成一条条花边。

二、经平组织

每根纱线在相邻的两枚针上轮流编织成圈的组织,称为经平组织,如图 16-2 所示。可以看到形成经平组织的线圈,既有闭口线圈,见图 16-2(a);也有开口线圈,见图 16-2(b)。它们的垫纱数码为"1—0,1—2",以及"0—1,2—1"。由于弯曲线段力图伸直,因此经平组织的线

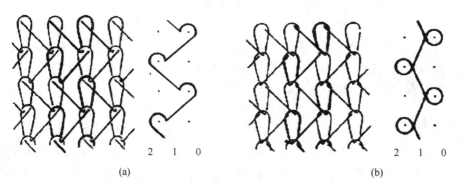

(a)　　　　　　　　　　　　(b)

图 16-2　经平组织

圈纵行呈曲折形。经平组织中,所有线圈都具有单向延展线,也就是说线圈的导入延展线和引出延展线都处于该线圈的一侧。线圈向着延展线相反的方向倾斜,线圈倾斜度随着纱线弹性及针织物密度的增加而增加。由于经平组织的线圈的延展线在左右线圈纵行内相互串套和连接,因此,满穿梳栉就可以编织成坯布。

单梳经平组织的特性是:①线圈处于与延展线方向相反的倾斜状态;②坯布两面具有相似的外观;③经平组织在纵向或横向受到拉伸时,由于线圈倾斜角的改变,线圈中纱线各部段的转移和纱线本身伸长,而具有一定的延伸性;④经平组织在一个线圈断裂后,横向受到拉伸,线圈沿纵向在相邻的两个纵行上逆编织方向脱散,从而使织物分成两块。

经平组织常与其他组织结合,可得到不同性能和效果的织物。如它与经绒组织相结合,得到不易脱散的弹性适中的织物。

三、经缎组织

经缎组织是由每根经纱顺序地在三枚或三枚以上织针上垫纱编织而成的组织。编织时,每根纱线先以一个方向顺序地在一定针数的针上成圈,然后以相反方向顺序地在同样针数的针上成圈。图16-3所示为一种简单的经缎组织,纱线顺序地在五枚针上成圈,图中(a)称为五针开口经缎组织,(b)称为五针闭口经缎组织。它们的垫纱数码分别为:4—5,4—3,3—2,2—1,1—0,1—2,2—3,3—4;5—4,3—4,2—3,1—2,0—1,2—1,3—2,4—3。

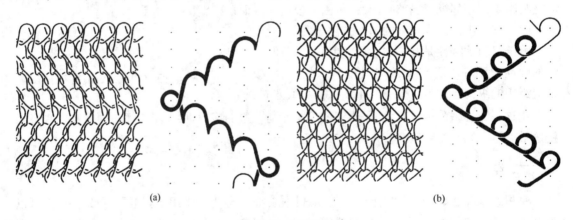

(a)   (b)

图16-3 经缎组织

经缎组织的特性是:①经缎组织一般在垫纱转向时采用闭口线圈,中间则为开口线圈。由于转向线圈的延展线在一侧,所以呈倾斜状态;而中间的线圈在两侧都有延展线,线圈倾斜较小,线圈形态接近于纬平针织物,因此其卷边性及其他性能类似于纬平针织物。②由于不同方向的倾斜线圈对光线的反射不一,在织物的表面形成横条纹外观。③当线圈发生断裂时,沿横向拉伸,其纵行会沿逆编织方向脱散,但不会分成两片。

四、重经组织

凡是一根纱线在一个横列上连续形成两个线圈的经编组织,称为重经组织。编织重经组织时,每根经纱每次必须同时垫纱在两枚织针上。图16-4所示为重经组织的几种形式,(a)和(b)分别为开口和闭口重经编链,(c)和(d)分别为开口和闭口重经平。

由于重经组织中有较多比例的开口线圈，所以其性质介于经编和纬编之间，有脱散性小、弹性好等优点。

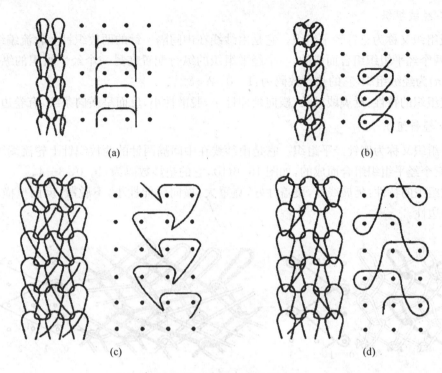

图 16-4　重经组织的几种形式

编织重经组织时，每个横列同时在两枚针上垫纱成圈。对于离导纱针较远的那枚针来说，由导纱针拉过经纱时，除了要克服编织普通经编组织时所有的阻力外，还要克服拉过前一针时经纱与前一针及其旧线圈之间的摩擦阻力，因此张力较大，易造成断纱。为了使重经组织的编织顺利进行，要采取对经纱上蜡或给油，以及调整成圈机件位置等措施。

五、罗纹经平组织

罗纹经平组织是在双针床经编机上编织的一种双面组织。编织时，前后针床的针交错配置，每根纱线轮流地在前后针床共三枚针上垫纱成圈。图16-5所示为罗纹经平组织的结构。垫纱运动图中的符号"×""○"分别代表前、后针床上的织针。

罗纹经平组织的外观与纬编的罗纹组织相似，但由于延展线的存在，其横向延伸性能不如后者。

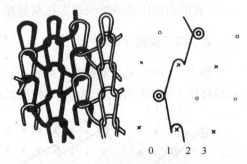

图 16-5　罗纹经平组织

六、变化经平组织

变化经平组织是指在一个经平组织的纵行之间配置另一个经平组织的纵行。常用的变化经平组织有经绒组织和经斜组织。变化经平组织中，延展线较长，结构密度大，较厚实，不透光。变化经平组织由几个经平组织构成，其线圈纵行相互间隔、牵制，所以线圈转到与坯布平面垂直的趋势较小,卷边性类似于纬平针组织。另外,有线圈断裂而发生沿线圈纵行方向脱散时,由于脱散的线圈纵行后有另一经平组织的延展线阻止,所以不会分成两片。

（一）经绒组织

经绒组织又称为三针经平组织。它是由纱线在中间隔一针的两枚织针上轮流编织成圈的组织,是两个经平组织组合而成的,一个经平组织的纵行配置在另一个经平组织的纵行之间。图 16-6(a)为经绒组织,它的垫纱数码为:1—0,2—3。

经绒组织的特性:延展线较长,横向延伸性小,脱散性小,反面呈横向条纹,有卷边性。

（二）经斜组织

经斜组织又称为四针经平组织。它是由纱线在中间隔两针的两枚织针上轮流编织成圈的组织,是三个经平组织组合而成的,如图 16-6(b),它的垫纱数码为:1—0,3—4。

经绒组织的特性:延展线长,覆盖性好,克重大,横向延伸性小,不脱散,反面呈横向条纹,纵向无卷边性。

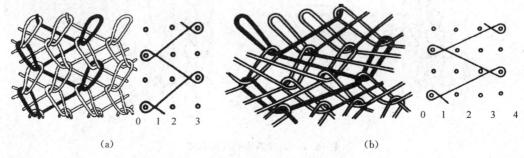

图 16-6 变化经平组织

七、变化经缎组织

由两个或两个以上的经缎组织组成,其纵行相间配置的组织,称为变化经缎组织。图 16-7(a)和(b)所示为开口变化经缎组织。该组织由于针背垫纱针数较多,能改变延展线的倾斜角,形成的织物比经缎组织厚。在双梳栉二隔二空穿形成网眼时,常采用变化经缎组织。

八、双罗纹经平组织

图 16-8 所示为双罗纹经平组织,是由两个罗纹经平组织复合而成的双面组织。编织时,前后针床上的织针相对配置,纱线轮流地在前后两针床的三枚针上垫纱成圈。

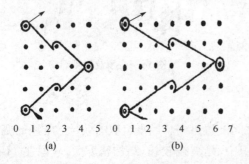

图 16-7 变化经缎组织

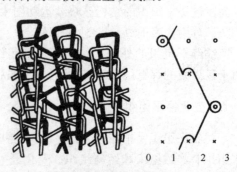

图 16-8 双罗纹经平组织

双罗纹经平组织是由一根经纱连续在前针床的同一枚针上编织,使前针床编织的坯布表面呈现完全直的纵行。该经纱又轮流在后针床的两枚针上垫纱,线圈横列交替地向右和向左倾斜,使后针床编织的坯布一面呈现曲折的纵行。

第二节 满穿、空穿双梳和多梳组织

一般情况下,经编机上带有两把或多把梳栉,为了便于工艺设计,梳栉按一定的顺序进行编号。当采用两把梳栉时,前梳用 F,后梳用 B;采用三梳时,前、中、后分别为 F、M、B;多于三把梳栉时,所有类型的经编机的梳栉编号均由机前向机后,依次为 GB1、GB2、GB3、GB4……

一、满穿双梳栉经编织物及特性

这类经编织物采用两把满穿梳栉,做基本组织的垫纱运动,织物表面呈现平纹效应。

满穿双梳经编组织通常以两把梳栉所织制的组织来命名。若两把梳栉编织相同的组织,且做对称垫纱运动,则称为"双经×",如双经平、双经绒等。若两把梳栉编织不同的组织,则将后梳组织的名称放在前面,前梳组织的名称放在后面。如后梳织经平组织、前梳织经绒组织,称为经平绒;反之则称为经绒平。若两梳均编织较复杂的组织,则分别给出其垫纱运动图或垫纱数码。

纱线的显现对于经编织物是极其重要的。基本满穿双梳组织中,每个线圈均由两根纱线组成,加之线圈背后的延展线,该类织物的横截面可分为四层。通常,前梳纱线易显露在织物的工艺正反两面,即由织物工艺反面到织物工艺正面,依次为前梳延展线、后梳延展线、后梳圈干、前梳圈干。纱线是否在工艺正面显露,与两把梳栉的经纱细度、送经比、针背横移量、垫纱位置、线圈形式等有关。一般来说,经纱粗、垫纱位置低、送经量大、针背横移量小、采用开口线圈,则易显露在织物的工艺正面。

(一)素色满穿双梳经编织物结构及特性

1. 双经平组织

双经平组织是最简单的双梳组织,其线圈结构如图 16-9 所示。其垫纱数码如下:

B:1—0,1—2;F:1—2,1—0。

双经平组织中,由于两根延展线在两个纵行之间对角交叉,彼此平衡,因此线圈纵行较直。由这种组织形成的织物质轻,纹路清晰,弹性好,卷边性大,能逆编织方向脱散,可使织物分成两片。当使用粗特纱线时,可生产出线圈直立、外观均匀、纵横向线圈纹路均佳的经编织物。

2. 经平绒组织

后梳进行经平垫纱运动,前梳进行经绒垫纱运动,所形成的双梳经编组织,称为经平绒组织,线圈结构如图 16-10 所示。其垫纱数码如下:

B:1—0,1—2;F:2—3,1—0。

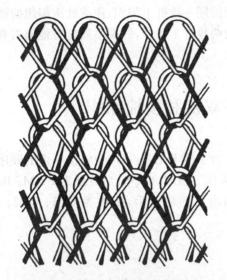

图 16-9 双经平组织

图 16-10 经平绒组织

经平绒组织中,前梳延展线跨越一个纵行,当某一线圈断裂而使纵行脱散时,织物结构仍然由前梳延展线连接在一起,克服了双经平组织织物左右分离的缺陷。经平绒组织中,前梳较长的延展线覆盖于织物的工艺反面,使得织物手感光滑、柔软,具有良好的延伸性和悬垂性。

当经平绒织物的前后梳栉反向垫纱(F:1—0,2—3;B:1—2,1—0)时,织物结构较为稳定(图 16-10);而当两把梳栉同向垫纱时(F:1—0,2—3;B:1—0,1—2),则线圈产生歪斜。经平绒组织织物下机后,横向发生收缩,收缩率与编织条件、纱线性质等有关。

经平绒织物的应用很广,常用作女性内衣、弹性织物、仿鹿皮绒织物等。

3. 经平斜组织

后梳进行经平垫纱运动,前梳进行经斜垫纱运动所形成的双梳经编组织,称为经平斜组织,线圈结构如图 16-11 所示。其垫纱数码如下:

B:1—0,1—2;F:3—4,1—0。

这种组织的正面线圈纵行组成"V"字形圈柱,反面有极好的光泽。经平斜织物布面平整,手感柔软,织物较密实,反面经拉毛整理后可制作绒布,织物卷边性小,不易脱散。经平斜组织多用于起绒织物,前梳延展线越长,织物越厚实,越有利于拉毛起绒,但织物的抗起毛起球性变差。当前后两把梳栉反向垫纱时,织物的稳定性较好,正面线圈较直立;而当两把梳栉同向垫纱时,线圈歪斜,但有利于起绒。在起绒过程中,织物横向有相当大的收缩,由机上宽度到整理宽度的总收缩率可高达40%以上,视起绒程度而变化。

图 16-11 经平斜组织

4. 经绒平组织

后梳进行经绒垫纱运动,前梳进行经平垫纱运动所形成的双梳经编组织,称为经绒平组织,线圈结构如图 16-12

所示。

在经绒平组织中,后梳较长的延展线被前梳的短延展线所束缚,织物结构较经平绒织物稳定,抗起毛起球性能得到改善,但手感较硬。

5. 经斜平组织

后梳进行经斜垫纱运动,前梳进行经平垫纱运动所形成的双梳经编组织,称为经斜平组织,线圈结构如图 16-13 所示。其垫纱数码如下:

B:1—0, 1—2;F:3—4, 1—0。

经斜平织物厚实、挺括,结构稳定,抗起毛起球性能好,但手感较差,常用作印花织物。

6. 经斜编链组织

经斜编链组织的后梳进行经斜垫纱运动,前梳进行编链垫纱运动,线圈结构如图 16-14 所示。其垫纱数码如下:

B:1—0, 3—4;F:0—1, 1—0。

图 16-12 经绒平组织

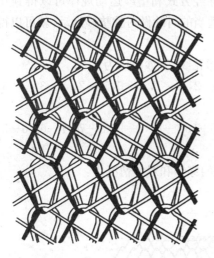

图 16-13 经斜平组织

图 16-14 经斜编链组织

这种组织的正面线圈纵行呈"之"字形,纵横向的延伸性都小,收缩率为 1%~6%,织物稳定。该类织物随着后梳延展线的增长,克重增大,尺寸稳定性变好,是外衣面料的理想材料。

(二)色纱满穿双梳组织结构及特性

在满穿双梳组织的基础上,对其中一把或两把梳栉采用一定根数、一定顺序的色纱进行编织,可以得到各种彩色花纹的经编织物。

1. 彩色纵条纹织物

在经编织物中,利用色纱可以得到很多纵向条纹。得到纵向条纹的方法,通常是后梳满穿素色纱线,颜色一般是地组织所需的;前梳用一种或几种色纱做不同排列。一般所有的满穿双梳组织均可以得到纵条纹。纵条的宽度由穿经完全组织决定,纵条的曲折程度由梳栉的垫纱运动决定。当采用编链组织作为前梳组织时,所得的纵条纹竖直而清晰;当采用经平组织时,而其他条件不变,则由于经平组织的一根纱线交替地在相邻的两枚织针上垫纱成圈,得到的纵条纹边缘有些模糊不清。

图 16-15 所示的双梳变化经缎组织,前梳(F)穿经为 2 黑、24 粉红、2 黑、12 白、4 黑、12 白,后梳(B)穿经为全白,所得织物为粉红和白色的宽曲折纵条中配置细的黑色曲折纵条。

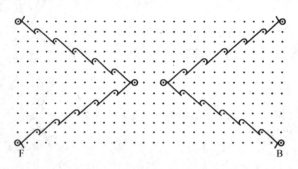

图 16-15　彩色纵条纹织物

2. 对称花纹织物

在基本满穿双梳组织的基础上,通过一定的穿经方式和垫纱运动规律可以得到几何状的花纹。当双梳均采用一定规律的色纱穿经,采用适当的对纱做对称垫纱运动,就可以得到对称几何花纹。

图 16-16 所示为由 16 列经缎组织形成的菱形花纹,垫纱数码为:

B:8—9,8—7,7—6,6—5,5—4,4—3,3—2,2—1,1—0,1—2,2—3,3—4,4—5,5—6,6—7,7—8;

F:1—0,1—2,2—3,3—4,4—5,5—6,6—7,7—8,8—9,8—7,7—6,6—5,5—4,4—3,3—2,2—1。

如以"|"代表黑纱,"+"代表白纱,完全组织的穿经和对纱情况为:

B:| | | | | | | | + + + + + + + +;

F:+ | | | | | | | | + + + + + + +。

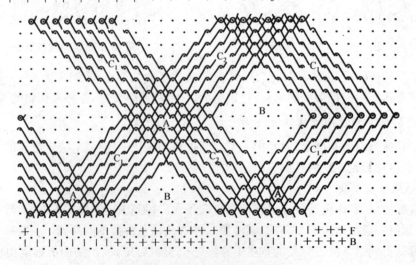

图 16-16　对称花纹织物

图 16-16 中,区域 A 和区域 B 为两梳同色纱的线圈重叠处,分别形成黑色菱形块和白色菱形块;而区域 C_1 和 C_2 则由黑白两种色纱共同构成,往往呈现混杂色效应。

3. 不对称花纹织物

在基本满穿双梳组织的基础上,用色纱与不对称的两梳垫纱运动,就可以得到不对称花纹。如某一斜纹组织,以"│"代表红纱,以"＋"代表白纱,则完全组织的穿经和对纱情况为:

B: │ │ │＋＋;

F: │ │ │＋＋。

其垫纱数码为:

B: 1—0, 1—2, 2—3, 3—4;

F: 1—2, 2—3, 3—4, 1—0。

在设计斜纹等不对称花纹时,要注意的问题是:坯布的意匠图反过来设计,如所需坯布正面为左斜的花纹,则在意匠纸上画成向右斜的斜纹垫纱运动图。

二、空穿双梳栉经编织物及特性

在工作幅宽范围内,一把或两把梳栉的部分导纱针不穿经纱所形成的双梳经编织物,称为空穿双梳经编织物。

由于部分导纱针未穿经纱,造成空穿双梳经编织物的某些地方有中断的线圈横列,此处线圈纵行间无延展线联系,从而在织物表面形成孔眼或产生凹凸效应。这类经编织物通常具有良好的透气性、透光性,主要用于制作头巾、夏季衣料、女用内衣、服装衬里、网袋、蚊帐、装饰织物、鞋面料等。

（一）一把梳栉空穿的双梳经编织物

一把梳栉部分空穿,在织物上可形成凹凸和孔眼效应。这种组织通常采用后梳满穿,前梳部分穿经。

图 16-17 所示为利用前梳部分穿经得到的凹凸纵条织物。该织物中,后梳满穿做经绒垫纱运动,前梳两穿一空做经平垫纱运动。由线圈结构图可以看到,纱线 a 只在纵行 2 和 3 成圈,纱线 b 只在纵行 3 和 4 成圈,所以纵行 2、3 和 4 被拉在一起;同样,纵行 5、6 和 7 被纱线 c 和 d 拉在一起。由于空穿处使前梳纱线形成的结构联系中断,所以纵行 4 和 5 分开,此处产生空隙。纵行 1 和 2 及 7 和 8 之间亦是如此。

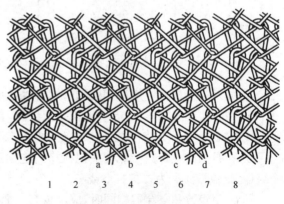

图 16-17 凹凸纵条织物

根据上述原则,可以设计出多种凹凸织物。凸条宽度和凸条空隙宽度取决于做经平垫纱运动的梳栉穿经完全组织。

一般凸条间空穿不超过两根纱线,因为织物在该处为单梳结构,易于脱散。若形成凸条的梳栉上穿较粗的经纱,凹凸效应会更加明显。

对于双梳经编织物,当其中一把梳栉空穿时,可利用单梳线圈的歪斜来形成孔眼,配以适当的垫纱运动,可以得到分布规律复杂的孔眼。图 16-18 所示即为一例。前梳满穿做经平垫纱运动,后梳二穿一空做经绒和经斜相结合的垫纱运动,在缺少后梳延展线的地方,纵行将偏开,形成孔眼。

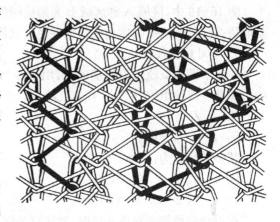

图 16-18　孔眼结构

（二）两把梳栉空穿的双梳经编织物

对于双梳经编织物,当两把梳栉均为部分空穿并配以适当的垫纱方式时,部分相邻纵行的线圈横列会出现中断,由此形成一定大小、一定形状及分布规律的孔眼。

采用两把梳栉部分空穿形成网眼时,有如下规律:

① 每一编织横列中,编织宽度内的每一织针至少垫入一根纱线,如图 16-19(a)所示;但是,所垫纱线不必来自同一把梳栉。

② 在相邻纵行间没有联系时,单纱线圈的歪斜使此处两纵行相互分开,而在没有延展线处形成空眼,如图 16-19(b)所示。

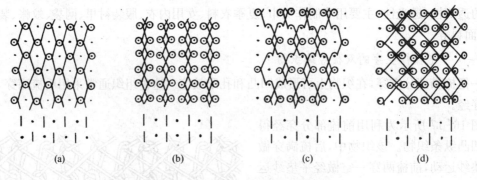

(a)	(b)	(c)	(d)

图 16-19　两梳部分穿经形成网眼的规律

③ 如两把梳栉穿纱规律相同,并做对称垫纱运动,则得到对称网眼织物。

④ 在有些穿经结构中,有些线圈是双纱的,有些是单纱的,这样可得到大小和倾斜程度不同的线圈,其适当分布将使总的花纹效果更为丰富。

⑤ 孔眼间的纵行数一般与一把梳栉的连续穿经数和空经数之和相对应。如孔眼间有四个纵行,则梳栉穿经为二穿二空或三穿一空。

⑥ 在穿经数和空穿数相同时,应至少有一把梳栉的垫纱范围大于连续穿经数和空经数之和。如穿经为一穿一空时,至少有一把梳栉在某些地方的垫纱范围为三针,如图 16-19(c)和(d)所示。

空穿网眼经编织物的类型主要有变化经平垫纱类和经缎组织、变化经缎垫纱类。图 16-20 所示为两梳空

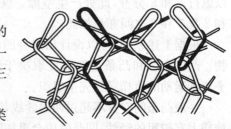

图 16-20　两梳空穿变化经平网眼组织

穿变化经平网眼组织。图16-21中，两把梳栉均采用一穿一空的四列经缎垫纱。将经缎垫纱与经平垫纱相结合，可用一穿一空的两把梳栉得到较大的网孔结构，如图16-22所示。经缎类双梳空穿组织通常不限于一穿一空的穿经方式，还有二穿二空、三穿一空、五穿一空等方式。这时需采用部分变化经缎垫纱运动，以确保每一横列的每枚织针均能垫纱成圈。

 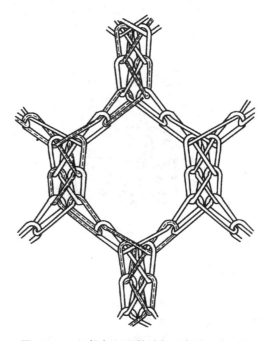

图16-21　经缎垫纱部分穿经网孔结构　　　　图16-22　经缎与经平垫纱部分穿经网孔结构

第三节　衬纬和缺压组织

一、衬纬组织

衬纬组织是在线圈圈干和延展线之间，周期地衬入一根或几根纬向纱线所形成的经编组织。衬纬组织可分为全幅衬纬和部分衬纬。由特殊的机构将长度等于坯布幅宽的纬纱夹在线圈圈干和延展线之间的经编组织，称为全幅衬纬经编组织，如图16-23所示。部分衬纬是某些梳栉只做针背垫纱，而不进行针前垫纱，在织物的某一部位形成衬纬纱段，以满足特殊的性能要求或形成特殊的花式效应，如图16-24所示。全幅衬纬需要专门的纬纱衬入机构，在生产中应用较少，但近年来应用较广泛。部分衬纬组织的应用较广，主要有起花衬纬、起绒衬纬、网孔衬纬、花边衬纬、装饰用衬纬等几种。

部分衬纬组织的形成规律包括：

① 这种组织的梳栉中至少有一把为成圈梳栉。若为双梳，则衬纬纱穿后梳，否则衬纬纱不能夹在地组织的线圈的圈干和延展线之间。

② 若编织和衬纬梳栉同针距、同方向，则衬纬纱应躲避编织梳栉的针背垫纱，在反面形成

一根浮线。

③ 当地组织为经平时,若衬纬和编织梳栉的针背垫纱方向相反,则衬纬纱被比其针背横移针距数多"1"的编织纱所夹持;若衬纬和编织梳栉的针背垫纱方向相同,则衬纬纱被比其针背横移针距数少"1"的编织纱所夹持。

④ 如果织物中有两组纬纱,靠近前梳栉的衬纬纱将呈现在靠近织物工艺反面的地方。

图 16-23 全幅衬纬组织

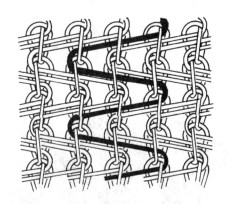

图 16-24 部分衬纬组织

二、缺压经编组织

一些线圈并不在一个横列脱下,而是隔一个或几个横列才脱下,形成拉长线圈的经编组织,称作缺压经编组织。

在特利柯脱钩针经编机上,通过花压板的控制或使压板间歇工作而得到某些织针或某些横列缺压的效应。缺压经编组织主要分两类:集圈缺压组织和提花缺压组织。当某些织针垫到纱线后并不闭口时,就形成集圈缺压经编组织,如图 16-25 所示;而当某些织针既垫不到纱线又不闭口时,就形成提花缺压经编组织,如图 16-26 所示。

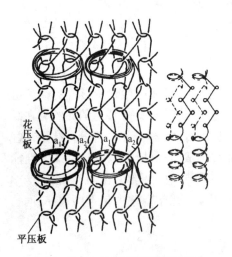

图 16-25 集圈缺压经编组织

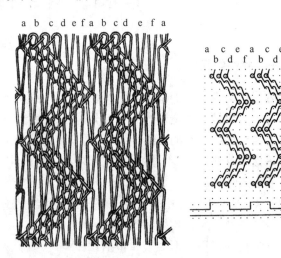

图 16-26 提花缺压经编组织

第四节 缺垫和压纱组织

一、缺垫经编组织

部分梳栉的经纱在一些横列不垫纱、不参加编织的经编组织,称为缺垫经编组织。也就是说,梳栉在一个或几个横列上既不做针前垫纱也不做针背垫纱时,就形成缺垫组织。因而,如果前梳栉做缺垫运动,其经纱将垂直浮于织物的工艺反面。前梳编织编链组织,但在几个横列上缺垫,后梳栉连续做 2×1 闭口垫纱运动,如图 16-27 所示。

缺垫经编组织可以形成方格类效应和斜纹类效应等。图 16-28 所示为方格类效应的例子。后梳满穿白色纱;前梳穿经为 5 色 1 白,编织 10 个横列后缺垫 2 个横列。开始时,前梳纱覆盖在坯布表面,造成 1 个纵行宽的白色纵条与 5 个纵行宽的色纵条相交替。前梳缺垫处将形成白色的横条,这时后梳纱在坯布表面显示,而前梳纱则浮在坯布反面,正面不露出。这样,在有色的地布上形成白色方格。在缺垫结构中,三梳用得较为普遍。

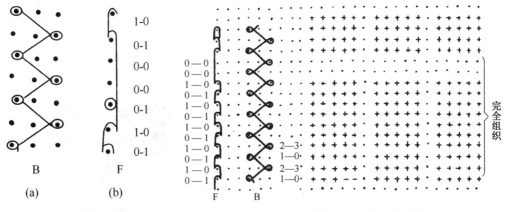

图 16-27　缺垫经编组织　　　　图 16-28　缺垫组织形成方格类效应

图 16-29(a)所示为两梳缺垫形成斜纹织物的例子。前梳 F 穿经为两"1"色、两"0"色;后梳 B 满穿较细单丝,与前梳反向垫纱。此织物缺点为反面有延展线。图 16-29(b)所示为三梳

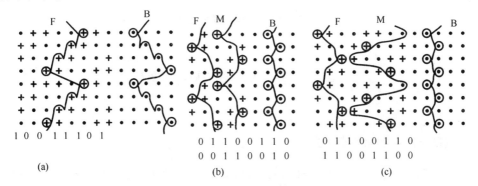

图 16-29　缺垫组织形成的斜纹织物

缺垫编织斜纹类经编织物的例子。图中前梳 F 和中梳 M 的穿经均为两"1"色、两"0"色，前梳在奇数横列编织、偶数横列缺垫，中梳则在偶数横列编织、奇数横列缺垫；做经平垫纱运动的后梳 B 则构成地布。这样编织的斜纹有光洁的反面。图 16-29(c)所示为图 16-29(b)所示的变形，中梳 M 做与前梳反向的长延展线，使织物更加紧密。

缺垫动作配合缺垫梳栉间歇送经，而其他的梳栉则连续编织，在织物的这些横列上，经纱张力使织物抽紧，在织物的工艺正面形成褶裥效果。

二、压纱经编组织

由衬垫纱线绕在线圈基部所形成的经编组织，称为压纱经编组织。压纱组织是在带有压纱板机构的经编机上编织的。压纱板位于两把梳栉之间，是一片和机宽相同的金属薄片，安装在梳栉摆架上。它不仅能和梳栉做相同的摆动，而且能做向上向下的垂直运动。图 16-30(a)和(b)表示压纱板的动作，图中 F 为前梳(压纱梳)，B 为后梳(地梳)，P 为压纱板。

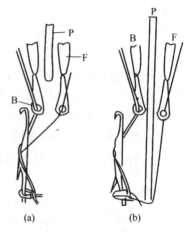

图 16-30　压纱板

因为压纱的经纱不被针钩编织，所以可以使用花色线或粗纱线，可以满穿或不满穿，可以使用开口或闭口垫纱运动，从而产生多种花纹。压纱纱线的针前垫纱和针背垫纱都清楚地显示在织物的工艺反面，如图 16-31 所示。在多梳花边机和贾卡经编机上，也常带有压纱机构，用来产生浮雕效应。

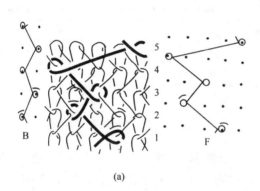

(a)

(b)

图 16-31　压纱经编组织

第五节　双针床组织

一、双针床经编组织的表示方法

表示双针床经编组织的意匠图通常有三种，如图 16-32 所示。图中，(a)用"·"表示前针床上的各织针针头，用"×"表示后针床上的各织针针头，其余的含义与单针床组织的点纹意匠图相同;(b)用"·"表示针头,而以标注在横行旁边的字母"F"和"B"分别表示前、后针床的织针针头;(c)用两个间距较小的横行表示同一编织循环中前、后针床的织针针头。

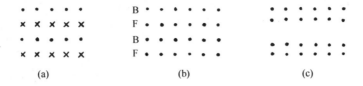

图 16-32 双针床经编组织的意匠图

在这种意匠纸上描绘的垫纱运动图(即图解记录),与双针床组织的实际状态有较大差异,其主要原因是:

① 在此种双针床意匠图上,代表前后针床针头的各横行黑点,都是上方代表针钩侧,下方代表针背侧。也就是说,前针床的针钩对着后针床的针背。而在实际的双针床机上,前针床的针钩向外,其针背对着后针床织针的针背。

② 在双针床机的一个编织循环中,前后针床虽非同时进行编织,但前后针床所编织的线圈横列在同一水平位置。但在意匠纸上,同一编织循环的前后针床的垫纱运动是分上下两排画的。

因此,在分析这种垫纱运动图时,必须特别注意这些差异。否则,难以用这些垫纱运动图来想象和分析双针床经编组织的结构和特点。

图 16-33 中的三个垫纱运动图,如果按单针床组织的概念,可以看作编链、经平和经绒。图 16-33 中,(a)织出的是一条条编链柱,(b)和(c)可构成相互联贯的简单织物。但在双针床拉舍尔机上,前针床织针编织的圈干仅与前针床编织的下一横列的圈干相串套,后针床的线圈串套情况也一样。因此,若仅观察前针床编织的一面,则由圈干组合的组织就如垫纱运动图左旁的虚线所示那样;而仅观察后针床编织的一面时,由圈干组合的组织就如右旁虚线所示那样。

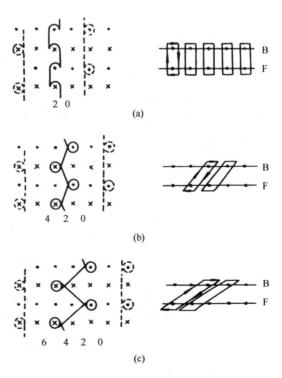

为了进一步明确这些组织的结构,在每个垫纱运动图的右边,描绘了梳栉导纱点的运动轨迹俯视图。从各导纱点轨迹图中可看到:各导纱针始终将每根纱线垫在前后针床的相同织针上,各纱线之间没有相互连接串套关系,所以织出的都是一条条各不相连的双面编链组织。这三个组织图在双针床中基本上属于同一种组织,它们之间的唯一差异是:共同编织编链柱的前后两枚织针是前后对齐,还是左右错开一两

图 16-33 双针床经编组织垫纱运动图

个针距,即它们的延展线是短还是长。应该了解,双针床经编组织的延展线并不像单针床那样,与圈干在同一平面内。双针床组织的延展线与前后针床上的圈干平面呈近似 90°的夹角,所以是一个三度的立体结构。

上述三个组织的数字记录(即花纹链条结构)为:

① 0—2,2—0;

② 2—4,2—0;

③ 4—6,2—0。

其中每个组织的第一、二两个数字的差值为梳栉在前针床的针前横移,如(a)中的 0—2;第三、四两个数字的差值为梳栉在后针床的针前横移,如(a)中的 2—0;其余相邻两个数字的差值为针背横移,如(a)中的 0—0 和 2—2。

双针床组织也可用线圈结构图表示,如图 16-34(b)所示,但画这种线圈结构图比较复杂。图 16-34(a)是与上述线圈结构图相对应的垫纱运动图。

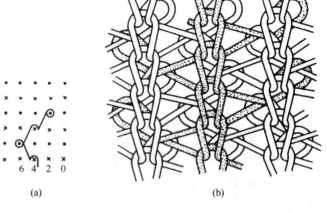

图 16-34 双针床组织的垫纱运动图和线圈结构图

二、双针床基本组织

(一) 双针床单梳组织

和在单针床经编机上形成单梳经编组织一样,一把梳栉也能在双针床经编机上形成最简单的双针床组织。特别值得注意的是,在形成这类组织时,梳栉的垫纱应遵循一定的规律,否则就形不成整片的织物。图 16-35 所示为使用一把满穿梳栉的情况;图中,(a)为梳栉呈编链式垫纱,(b)为梳栉呈经平式垫纱,(c)为梳栉呈经绒式垫纱,(d)为梳栉呈经斜式垫纱,(e)为梳栉呈经缎式垫纱。

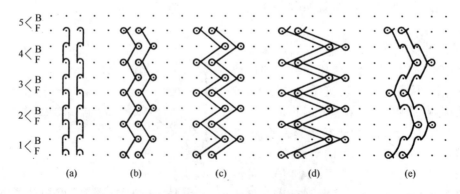

图 16-35 双针床单梳组织垫纱运动图

可以看出,图 16-35 中,(a)~(d),其相邻两根纱线之间没有线圈串套,相邻的纵行间也没有延展线连接,因此均不能形成整片织物。

而图 16-35(e)中,经纱在前针床编织时分别在第一、三两枚织针上垫纱成圈,在后针床编织时在第二枚针上成圈。

从以上的例子中,可以得出结论:单梳满穿双针床组织的每根纱在前后针床的各一枚针上垫纱,即类似编链、经平、变化经平式垫纱,不能形成整片织物;只有当梳栉的每根纱线至少在一个针床的两枚织针上垫纱成圈,才能形成整片织物。

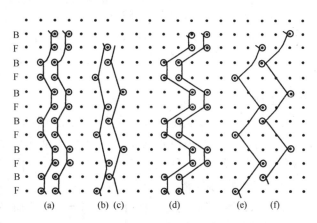

图 16-36 双针床单梳置复式垫纱运动图

双针床单梳满穿组织,除经缎式垫纱能编织成布外,还可以采用重复式垫纱来形成织物,如图 16-36 所示。图中每横列在前后针床相对的各枚针上垫纱,两个针床的组织记录是相同的,故称为重复式垫纱。这样,尽管采用经平或变化经平垫纱,都能保证每根纱线在两个针床的各自两枚针上垫纱成圈,因而保证能形成整片坯布。

(二)双针床双梳组织

双针床双梳组织比单梳组织的变化更多,可以采用满穿与空穿、满针床针与抽针,还可以采用梳栉垫纱运动的变化,得到丰富的花式效应。

利用满穿双梳在双针床经编机上编织,能形成类似纬编的双面组织。例如,双梳均采用类似经平式垫纱(单梳不可以形成织物),可以形成类似纬编的罗纹组织,如图 16-37 所示,(a)表示前梳的垫纱运动图,(b)表示后梳的垫纱运动图。

如果双梳中的每一把梳栉只在一个针床上垫纱成圈,将形成下列两种情况:

① 前梳 L_f 只在后针床上垫纱成圈,而后梳 L_b 只在前针床上垫纱成圈,如图 16-38(a)所示。其组织记录为:

L_b: 2—0, 2—2, 2—4, 2—2;

L_f: 2—2, 2—4, 2—2, 2—0。

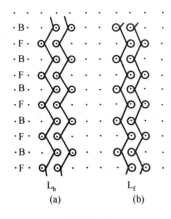

图 16-37

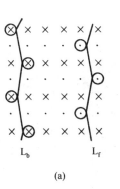

图 16-38

图 16-38(b)表示两梳交叉垫纱成圈,形成织物。显然,如果两梳分别采用不同颜色、不同种类、不同粗细、不同性质的纱线,前后针床上可形成不同外观和性能的线圈。因而,此结构类似于纬编的双面织物或丝盖棉织物。当然,两把梳栉各自的组织记录也可不同,即使使用同种原料,织物两面的外观也会不同。

② 如果前梳 L_f 只在前针床上垫纱成圈,后梳 L_b 只在后针床上垫纱成圈,则如图 16-39(b)所示。此时,两把梳栉的组织记录分别为:

L_f: 2—0, 2—2, 2—4, 2—2;

L_b: 2—2, 2—0, 2—2, 2—4。

图 16-39(a)表示两梳分别垫纱的情形。这时两梳在各自靠近的针床上垫纱成圈,互相无任何牵连,实际上各自均形成单针床单梳织物,两层织物之间无任何联系。但对于某些横列的编织而言,此种垫纱可以编织"双层"织物。这些横列作为一个完全组织的其中一个部分,而具有特殊的外观与结构。

在双针床双梳织物中,还有一种部分衬纬结构,如图 16-40 所示。两把梳栉中,一把梳栉的纱线在两个针床上均垫纱成圈,假定它为前梳 L_f,而另一把梳栉 L_b 为部分衬纬运动,即后梳为三针衬纬。此时,双梳的组织记录为:

L_f: 4—6, 4—4, 2—0, 2—4;

L_b: 0—0, 6—6, 6—6, 0—0。

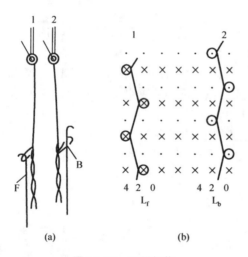

图 16-39 双层织物

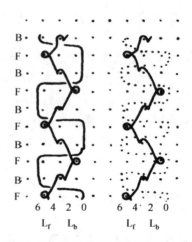

图 16-40 双针床双梳部分衬纬织物

梳栉 L_b 的衬纬纱可夹持在织物中间,如采用高强度纱,可使织物的物理性能增强;如采用高弹性纱,可使织物弹性良好。

梳栉 L_b 的衬纬纱不能在前针床上衬纬。如按图中虚线进行衬纬,则不能衬入前针床的线圈内部。这在设计时应特别注意。

双针床单梳组织一般不能空穿,而双针床双梳组织一般可以空穿。与单针床双梳空穿组织相似,双针床双梳空穿能形成某些网眼织物,也能形成非网眼织物。例如:

L_b: 4—6, 2—0, 4—6, 2—0;

L_f: 2—0, 4—6, 2—0, 4—6。

　　其垫纱运动如图 16-41 所示,在每一个完整横列的前后针床上垫纱时,虽然有的纵行间没有延展线连接,但前后针床相互错开,不在相对的两个纵行间,因而布面找不到孔眼处。

　　在双针床双梳空穿组织中,如要形成真正的网眼,必须保证一个完整横列内相邻的纵行之间没有延展线连接,其组织记录为:

　　L_b: 4—6, 4—2, 2—0, 2—4;

　　L_f: 2—0, 2—4, 4—6, 4—2。

　　此时,一个完整横列的前后针床的同一对针与其相邻的针之间,有的没有延展线连接,织物则有网眼。改变双梳的垫纱组织记录,使相邻纵行间没有延展线的横列增加,孔眼就扩大,如图 16-42 所示。这时的组织记录为:

　　L_b: 2—4, 4—6, 4—2, 4—6, 4—2, 2—0, 2—4, 2—0;

　　L_f: 4—2, 2—0, 2—4, 2—0, 2—4, 4—6, 4—2, 4—6。

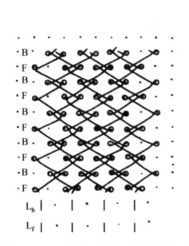

图 16-41　双针床双梳空穿非网眼织物

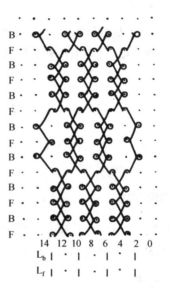

图 16-42　双针床双梳空穿网眼织物

第十七章　经编工艺参数计算

第一节　经编工艺参数的确定与计算

一、送经量

送经量通常是指编织 480 个横列的织物所用的经纱长度。送经量涉及到经编针织物的线圈模型和线圈长度,一般采用理论估算,计算公式为:

$$RPR = 480 \times \frac{\sum_{i=1}^{m} RPC_i}{m} \tag{17-1}$$

式中：RPR 为每腊克送经量(mm/480 横列);RPC_i 为每个横列的送经量(mm/横列);m 为一个组织循环的横列数。

二、织物密度

织物密度有两种:一是横向密度 P_A,指单位长度的纵行数,一般采用 1 cm;二是纵向密度 P_B,指单位长度的横列数,一般采用 1 cm。

三、穿经率

穿经率可以用一个花纹循环内的穿经根数表示,即:

$$Y = \frac{I}{I+O} \tag{17-2}$$

式中：Y 为穿经率;I 为一个花纹循环内的穿经根数;O 为一个花纹循环内的空穿根数。

四、送经率

送经率是指不管密度如何,编织一定长度的织物所消耗的经纱长度,计算公式为:

$$R = \frac{RPR \times cpc}{480} \tag{17-3}$$

式中：R 为送经率;RPR 为每腊克送经量(mm/480 横列);cpc 为织物机上纵密(横列/cm)。

五、每平方米坯布质量

每平方米坯布质量是重要的经济指标之一,也是进行工艺设计的依据。首先计算所有梳栉的用纱量,然后计算经编织物总的机上单位面积质量,最后计算坯布的单位面积质量。

1. 所有梳栉的用纱量 G_f

$$G_f = \sum \frac{E \times Y_i \times R_i \times N_i}{2\,540} \tag{17-4}$$

式中:E 为机号(针/2.54 cm);Y_i 为第 i 把梳栉的穿经率;R_i 为第 i 把梳栉的送经率;N_i 为第 i 把梳栉的线密度(dtex);G_f 为所有梳栉的用纱量(g/m²)。

2. 机上单位面积质量 Q_j

对于采用成圈梳栉和局部衬纬梳栉的经编织物,所有梳栉的用纱量即为经编织物总的机上单位面积质量;对于全幅衬纬的经编织物,则:

$$Q_j = G_f + Y \times cpc \times N \tag{17-5}$$

3. 坯布单位面积质量 Q_p

$$Q_p = Q_j \times \frac{P_A P_B}{wpc \times cpc} \tag{17-6}$$

式中:Q_p 为坯布单位面积质量(g/m²);wpc 为机上横密(纵行/cm)。

第二节　整经工艺参数计算

一、每个分段经轴相应的针床范围

每个分段经轴相应的针床范围,取决于分段经轴的外档宽度和经编机针床上针的排列密度。一个分段经轴相对应的针床上针数 n 为:

$$n = \frac{B_1}{T} \tag{17-7}$$

式中:B_1 为分段经轴外档宽(mm);T 为经编机针距(mm)。

如经编机工作幅宽为 B,定形收缩率为 P,定形幅宽为 B',裁剪时要剪去的定形针眼边的每边宽度为 b,则:

$$B' + 2b = B(1 - P) \tag{17-8}$$

经编总针数为:

$$N = \frac{B}{T} = \frac{B' + 2b}{T(1 - P)} \tag{17-9}$$

二、整经根数

$$n' = n(1 - q) \tag{17-10}$$

式中:q 为空穿率(定义为穿经完全组织中空穿针数占总针数的百分比)。

三、整经长度

每匹经编坯布的整经长度 L(m)，由工厂的具体条件决定。

1. 定重方式

需要制得的坯布每匹质量 W(kg) 一定时，则：

$$W = \sum n' \times m \times L \times \mathrm{Tt} \times 10^{-7} \tag{17-11}$$

式中：W 为坯布每匹质量(kg)；n' 为每分段经轴的整经根数；L 为每匹经编坯布的整经长度(m)；m 为分段经轴数；Tt 为纱线线密度(dtex)。

2. 定长方式

当所需制得的坯布每匹长度 L_1(m) 一定时，则：

$$L_1 = \frac{10L}{P'_\mathrm{B} \times l} \tag{17-12}$$

式中：P'_B 为坯布纵向密度(横列/cm)；l 为线圈长度(mm)。

四、分段经轴上的纱线质量和长度

1. 纱线质量

$$Q = \frac{Vp}{1\,000} \tag{17-13}$$

式中：Q 为分段经轴上的纱线质量(kg)；V 为分段经轴上的纱线体积(mm^3)；p 为经轴卷绕密度($\mathrm{g/\,mm}^3$)；

纱线体积 V 可由下式计算：

$$V = \frac{\pi h}{4}(D_1^2 - D_2^2) \tag{17-14}$$

式中：h 为经轴内档长度(mm)；D_1 为经轴卷绕直径(mm)；D_2 为经轴轴管直径(mm)。

2. 纱线长度

$$L_2 = \frac{Q \times \mathrm{Tt} \times 10^{-7}}{n'} \tag{17-15}$$

式中：L_2 为纱线长度(m)；Q 为分段经轴上的纱线质量(kg)；n' 为每分段经轴上的整经根数；Tt 为纱线线密度(dtex)。

五、整经机的产量

1. 整经机的理论产量 A

$$A = 6 \times 10^{-5} \times v \times n' \times \mathrm{Tt} \tag{17-16}$$

式中：A 为理论产量(kg/h)；v 为整经线速度(m/min)；n' 为每分段经轴的整经根数；Tt 为纱线线密度(dtex)。

2. 整经机的实际产量 H

$$H = \eta \times A \qquad\qquad (17-17)$$

式中：η 为机器的时间效率。

参 考 文 献

[1]赵展谊,赵宏. 针织工艺概论[M]. 北京:中国纺织出版社,2008

[2]龙海如. 针织学[M]. 北京:中国纺织出版社,2008

[3]天津纺织工学院. 针织学[M]. 北京:纺织工业出版社,1980

[4]蒋高明. 针织学[M]. 北京:中国纺织出版社,2012

[5]赵展谊. 针织学[M]. 西安:西北工业大学出版社 2002

[6]宋广礼,蒋高明. 针织物设备与产品设计[M]. 北京:中国纺织出版社,2008

[7]蒋高明. 现代经编产品设计与工艺[M]. 北京:中国纺织出版社,2002

[8]许瑞超,张一平. 针织设备与工艺[M]. 上海:东华大学出版社 2005

[9]许吕崧,龙海如. 针织设备与工艺[M]. 北京:中国纺织出版社,2003

[10]宋广礼. 成型针织产品设计与生产[M]. 北京:中国纺织出版社,2006

[11]《针织工程手册》编委会. 针织工程手册(经编分册)[M]. 北京:中国纺织出版社,2011

[12]《针织工程手册》编委会. 针织工程手册(经编分册)[M]. 北京:中国纺织出版社,2012

[13]贺庆玉,刘晓东. 针织工艺学[M]. 北京:中国纺织出版社,2009